Mathias Bardl

Prüfungswissen

in Frage und Antwort

Biologie
Anatomie
Physiologie

EUROPA LEHRMITTEL

Impressum:
Dipl.-Med. päd. Mathias Bardl
Medizinische Berufsfachschule
Martin-Luther-Universität
Halle-Wittenberg

Biologie – Anatomie – Physiologie
„Prüfungswissen in Frage und Antwort“
3. Auflage 2007

ISBN 978-3-8085-6794-4
Europa Nr. 67944
1997 by Lau-Verlag GmbH, Reinbek
by Verlag Europa-Lehrmittel, Nourney,
Vollmer GmbH &Co. KG, D 42781 Haan-Gruiten

Printed in Germany
Gedruckt auf chlorfrei gebleichtem Papier

Vorwort

Das Fachgebiet „Biologie, Anatomie und Physiologie“ bereitet den Schülerinnen und Schülern immer wieder Schwierigkeiten im Erfassen und Wiedergeben des Unterrichtsstoffes. Das liegt zum einen an der umfangreichen Stoffmenge und zum anderen an der Kompliziertheit des Unterrichtsfaches.

Das vorliegende Werk bietet die Möglichkeit, den eigenen Kenntnisstand jederzeit gezielt zu überprüfen und die Vorbereitung auf Klausuren und Prüfungen zu vereinfachen. Das Buch orientiert sich an den bereits im Lau-Verlag erschienenen Arbeitsmaterialien

- Lehrbuch „Biologie – Anatomie – Physiologie“
- Anatomie–Zeichenblätter für den Unterricht
- Anatomie–Zeichenblätter „Lösungsheft“

und optimiert mit diesem weiteren Baustein die Arbeit im Unterricht und Selbststudium. So ist es auch als Ergänzung zum Lehrbuch zu verwenden, um den bereits erarbeiteten Lehrstoff von Zeit zu Zeit nochmals anhand des Fragenkataloges zu wiederholen. Dieses Vorgehen eignet sich besonders zur gezielten Prüfungsvorbereitung.

Bei Prüfungen können Fragen auf die vielfältigste Art gestellt werden. Der Autor hat durch seine langjährige Berufserfahrung in den Fachrichtungen Kranken- und Kinderkrankenpflege sowie Geburtshilfe diese Vielfalt dargestellt und dabei besonders das Anforderungsniveau in der Ausbildung der Pflegeberufe mit einbezogen.

Dieses Buch hält sich streng an die Vorschriften, die für den Aufbau von Prüfungsarbeiten in den genannten Fachrichtungen herausgegeben worden sind. Veränderungen in der Nomenklatur sowie neue Betrachtungsweisen wurden berücksichtigt. Darüber hinaus ist zu erwähnen, daß durch eine Vielzahl von Zeichnungen die Erarbeitung des Stoffes positiv aufgelockert wurde.

Verlag und Autor danken Frau Sylvana Bardl für die grafische Neugestaltung der Zeichnungen von Paul Gebhardt und die Anfertigung neuer Zeichnungen. Unser Dank richtet sich auch an Prof. Dr. sc. med. Rüdiger Schultka, Hochschullehrer am Institut für Anatomie und Zellbiologie der Martin-Luther-Universität Halle-Wittenberg, für die vielen nützlichen Hinweise.

Wir wünschen allen Schülerinnen und Schülern viel Erfolg beim Selbststudium im Prüfungsfach „Biologie, Anatomie und Physiologie“.

Reinbek im Februar 2007 — Mathias Bardl

Arbeitshinweise

Dieses Buch ist in zwei Teile gegliedert. Im ersten Teil werden die zu lösenden Fragen gestellt und im zweiten Teil finden Sie unter der gleichen Nummerierung die Antworten. Fragen und Antworten sind bewußt getrennt, um das Erlernen effektiver zu gestalten.

Bei allen Fragen ist die Punkteverteilung in eckigen Klammern am rechten Rand angegeben – zum Beispiel [2]. Damit wird für die Schülerinnen und Schüler deutlich, welchen Stellenwert die jeweilige Frage hat und in welcher Ausführlichkeit geantwortet werden muß. Werden auch einzelne Teile eines Fragenkomplexes mit Punkten ausgewiesen, so stehen diese in runden Klammern – zum Beispiel (3).

Die Fragen sind auf unterschiedliche Weise gestellt. Die verschiedenen Fragetypen sollen hier kurz erklärt werden:

Multiple Choice – bei diesen Fragen ist die Anzahl der richtigen Antworten an der Punktzahl ablesbar.

Arbeitsblätter bzw. Grafiken – haben den Vorteil, daß durch deren Gestaltung eindeutige Aussagen gemacht werden können und die Schülerinnen und Schüler beim Erarbeiten und Ausfüllen viel Zeit sparen.

Zeichnungen – die beschriftet werden sollen, folgen Tabellen zum Eintragen. Die Numerierungen der Zeichnungen sind nicht immer in der arithmetischen Reihenfolge vorgenommen, weil die Zeichnungen mit denen der „Anatomie-Zeichenblätter" identisch sind und diese Korrespondenz erhalten bleiben soll.

Tabellen – die vorgeben, ob in deutscher Bezeichnung oder in der Fachbezeichnung geantwortet werden soll. Die gewünschten Antworten sind jeweils in das weiße Feld einzutragen. Kann die Schülerin oder der Schüler die geforderte Bezeichnung nicht nennen, so hat er die Möglichkeit, das grüne Feld auszufüllen. Hierfür ist dann jedoch nur ein halber Punkt anzusetzen.
Sind beide Felder grün, dann ist diese Bezeichnung aus Sicht des Autors nur eine informative, die nicht bezeichnet werden muß. Hat die Schülerin bzw. der Schüler aber die Kenntnisse, dann sollte trotzdem die Bezeichnung vorgenommen werden, um durch sein zusätzliches Wissen evtl. einen Sonderpunkt zu erhalten.

Inhaltsverzeichnis

Fragen

Orientierung am Körper / Allgemeinphysiologie
22 Fragen

01-01. Kennzeichnen Sie die richtigen Antworten! [1]

- ☐ a) Die Medianebene teilt den Körper in eine rechte und linke Hälfte.
- ☐ b) Die Sagittalebene teilt den Körper in einen vorderen und hinteren Abschnitt.
- ☐ c) Die Transversalebene liegt parallel zur Medianebene.
- ☐ d) Die Frontalebene gliedert den Körper in einen oberen und unteren Abschnitt.

01-02. Kennzeichnen Sie die richtigen Antworten! [2]

- ☐ a) anterior – darunter liegend
- ☐ b) superior – darüber liegend
- ☐ c) distal – rumpfwärts
- ☐ d) kranial – schädelwärts

01-03. Kennzeichnen Sie die richtigen Antworten! [2]

- ☐ a) Vom Bauchnabel ausgehend, liegt das Steißbein dorsal – kaudal.
- ☐ b) Vom Schulterblatt ausgehend, liegt die Nasenspitze lateral – ventral
- ☐ c) In medialer Richtung kommt man von der Brustwarze zum Brustbein.
- ☐ d) Proximal von der Kniescheibe liegt der Fuß.

01-04. Kennzeichnen Sie die richtigen Antworten! [2]

- ☐ a) Das Wasser ist auf Grund des Dipolcharakters ein gutes Lösungsmittel für Glucose.
- ☐ b) Durch die Verdunstung des Wassers auf der Haut kann der Körper Wärmeenergie aufnehmen.
- ☐ c) Chemische Reaktionen in der Zelle sind immer an das Vorhandensein von Wasser gebunden.
- ☐ d) 60% des menschlichen Körpers bestehen nicht aus Wasser.

01-05. Intravasal sind folgende Elektrolytkonzentrationen! [2]

- ☐ a) Na^+ – 160 mmol/l
- ☐ b) Ca^{2+} – 1 mmol/l
- ☐ c) Cl^- – 114 mmol/l
- ☐ d) K^+ – 4 mmol/l

01-06. Kennzeichnen Sie die richtigen Antworten! [2]

- ☐ a) Im Extrazellularraum (EZR) sind immer die gleiche Anzahl von Kationen und Anionen vorhanden.
- ☐ b) Eisen kommt im Blut nicht vor.
- ☐ c) Calciumionen dienen der Blutgerinnung.
- ☐ d) Bikarbonationen sind intrazellulär höher konzentriert, als extrazellulär.

01-07. Kennzeichnen Sie die richtigen Antworten! [2]

- ☐ a) Im Blut des Menschen ist eine Glucosekonzentration von ca. 15 mmol/l.
- ☐ b) Glykogen ist ein Monosaccharid.
- ☐ c) Desoxyribose dient als Baustein der DNA.
- ☐ d) Kohlenhydrate sind die einzigen ständig genutzten Energielieferanten für die Zellen.

01-08. Kennzeichnen Sie die richtigen Antworten! [1]

- ☐ a) Triglyceride bestehen aus Glycerol und aus einer Fettsäure.
- ☐ b) Vor allem die gesättigten Fettsäuren sind essentiell.
- ☐ c) Phosphatide werden beim Aufbau der Biomembranen benötigt.
- ☐ d) Cholesterol sollte im Körper gar nicht vorkommen.

01-09. Kennzeichnen Sie die richtigen Antworten! [2]

- ☐ a) Eiweiße sind aus 20 verschiedenen Aminosäuren aufgebaut.
- ☐ b) Durch die Reaktion der Aminogruppe der einen Aminosäure mit der Aminogruppe der zweiten Aminosäure wird unter Wasserabspaltung ein Dipeptid gebildet.
- ☐ c) Durch die Primärstruktur kommt es zur Spiralform der Peptidkette.
- ☐ d) Die räumliche Anordnung mehrerer Tertiärstrukturen durch intramolekulare Wechselwirkungen nennt man „Quartärstruktur".

01-10. Kennzeichnen Sie die richtigen Antworten! [2]

- ☐ a) Der Extrazellularraum kann in den interstitiellen Raum und in den intravasalen Raum unterteilt werden.
- ☐ b) Im Intrazellularraum ist weniger Wasser, als im Extrazellularraum.
- ☐ c) Der intravasale Raum hat 2 1/2 mal so viel Wasser, wie das Interstitium.
- ☐ d) Die Flüssigkeitsräume stehen untereinander durch passive Transportvorgänge in Verbindung.

01-11. Der Wasserbedarf [1]

- ☐ a) steigt bei erhöhter Schweißbildung auf der Haut.
- ☐ b) pro kg Körpergewicht steigt bei der körperlichen Entwicklung des Kindes.
- ☐ c) ist erniedrigt bei Durchfallerkrankungen.
- ☐ d) ist unabhängig von der Wasserausscheidung.

01-12. Der Diffusionsvorgang [2]

- ☐ a) ist ein langsam ablaufender Prozeß.
- ☐ b) wird bei großen Diffusionswegen schneller ablaufen.
- ☐ c) findet zwischen der Atemluft und dem Blut in der Lunge statt.
- ☐ d) kann nur an semipermeablen Membranen ablaufen.

01-13. Osmose findet statt, [2]

- ☐ a) wenn die gelösten Elektrolyte durch eine semipermeable Membran wandern.
- ☐ b) wenn das Wasser vom Ort der höheren zum Ort der niederen Konzentration diffundiert.
- ☐ c) wenn das Wasser zum Ort der höheren Konzentration diffundiert.
- ☐ d) wenn die Permeabilität der Membran für die gelösten Stoffe sehr gering ist.

01-14. Die Filtration ist [2]

- ☐ a) ein aktiver Transportmechanismus.
- ☐ b) ein druckabhängiger Mechanismus.
- ☐ c) ein Trennvorgang, bei dem hochmolekulare von niedermolekularen Stoffen getrennt werden.
- ☐ d) findet in Form des Gasaustauschs in der Lunge statt.

01-15. Das Puffersystem [2]

- ❑ a) hat die Aufgabe die Elektrolytkonzentrationen im Blutplasma konstant zu halten.
- ❑ b) besteht aus einer schwachen Säure und aus einer schwachen Base.
- ❑ c) kann überschüssige H^+ oder OH^- Ionen binden.
- ❑ d) soll im Magen den ph-Wert konstant halten.

01-16. Das Ruhepotential entsteht durch [2]

- ❑ a) einen überschwelligen Reiz.
- ❑ b) einen Natriumionenauswärtsstrom.
- ❑ c) einen Kaliumionenauswärtsstrom.
- ❑ d) die Permeabilität der Zellmembran für Kaliumionen.

01-17. Das Aktionspotential [1]

- ❑ a) entsteht durch das Einströmen der Kaliumionen.
- ❑ b) hat eine Spannung von -40mV.
- ❑ c) wird durch die Natrium/Kaliumpumpe abgebaut.
- ❑ d) wird durch den Natriumioneneinwärtsstrom erreicht.

01-18. Die Erregungsweiterleitung [2]

- ❑ a) kann an marklosen Nervenfasern mit einer Geschwindigkeit von 100m/s erfolgen.
- ❑ b) erfolgt an markhaltigen Nervenfasern sprunghaft.
- ❑ c) kann nur durch den Ionenstrom durch die Markscheiden erfolgen.
- ❑ d) ist an Neuriten möglich.

01-19. Die Erregungsübertragung [2]

- ❑ a) kann nur von Nerv zu Nerv erfolgen.
- ❑ b) ist an Muskelendplatten mit Hilfe einer Transmittersubstanz möglich.
- ❑ c) erfolgt durch die Weiterleitung des Aktionspotentials innerhalb des synaptischen Spaltes.
- ❑ d) führt beim Muskel zur Kontraktion.

01-20. Die Muskelkontraktion kommt zu Stande durch [2]

- ❑ a) Bindung von Kaliumionen an Aktin und Myosin.
- ❑ b) Freisetzung von Kalziumionen aus dem sarkoplasmatischen Retikulum.
- ❑ c) Abspaltung der Kalziumionen von den Myofibrillen.
- ❑ d) Weiterleitung des Aktionspotentials innerhalb der Muskelfaser.

01-21. Nennen Sie 6 von 8 wichtigen biologischen Funktionen der Eiweiße! [6]

•
•
•
•
•
•
•
•

01-22. Definieren Sie den Begriff „Diffusion“!
Nennen und interpretieren Sie das Diffusionsgesetz! [5]

Histologie
20 Fragen

02-01. Einschichtiges Plattenepithel [2]

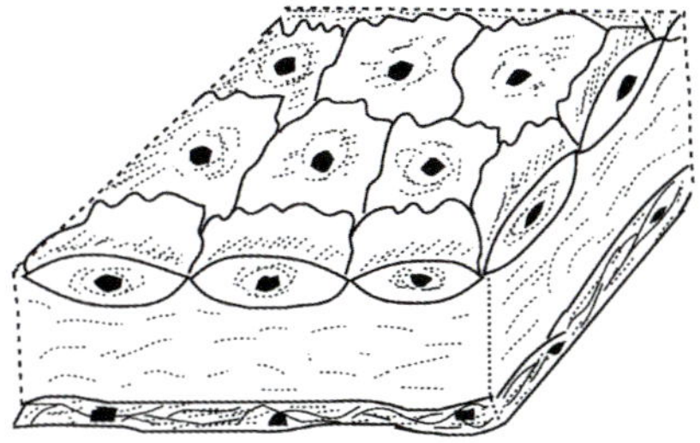

- ❑ a) ist nicht in der nebenstehenden Abbildung dargestellt.
- ❑ b) hat eine glatte Oberfläche.
- ❑ c) hat die Aufgabe in den Kapillaren den Stoffaustausch zu realisieren.
- ❑ d) kommt im Verdauungstrakt vor.

02-02. Zylindrisches Epithel [2]

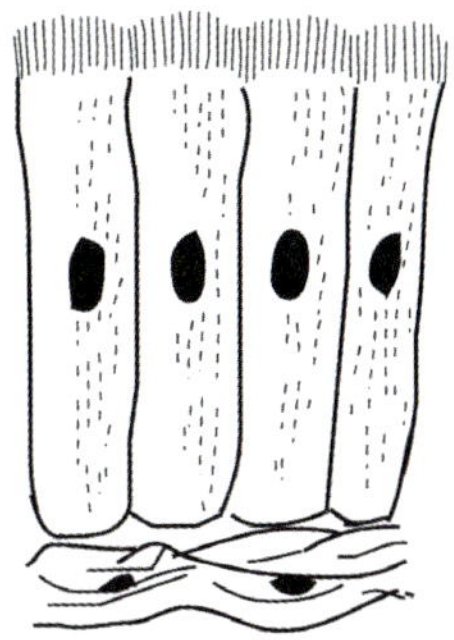

- ❑ a) ist in der nebenstehenden Abbildung dargestellt.
- ❑ b) ist ein mehrschichtiges Epithel.
- ❑ c) hat in den Harnwegen eine Schutzfunktion.
- ❑ d) kommt im Darm vor.

02-03. Urothel [2]

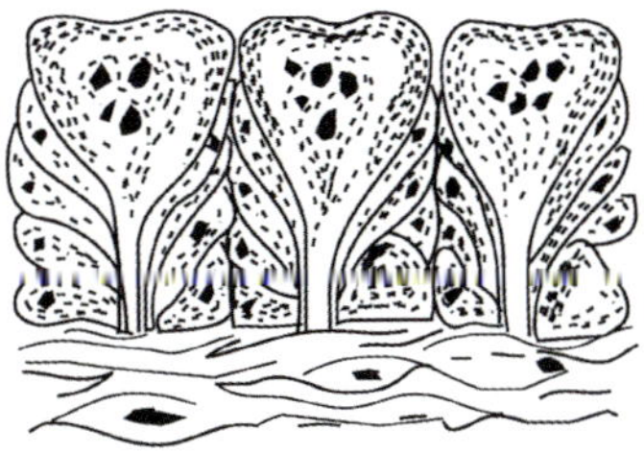

- ❑ a) ist nicht in der nebenstehenden Abbildung dargestellt.
- ❑ b) ist ein mehrreihiges bis mehrschichtiges Epithel
- ❑ c) kleidet die Harnwege aus.
- ❑ d) hat im Magen eine mechanische Schutzfunktion.

02-04. Flimmerepithel [2]

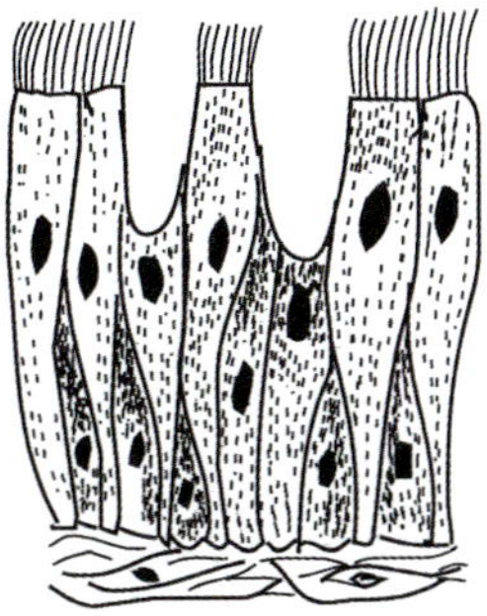

- ❑ a) ist in der nebenstehenden Abbildung dargestellt.
- ❑ b) hat die Aufgabe Fremdstoffe aus der Lunge zu befördern.
- ❑ c) ist im Dickdarm enthalten.
- ❑ d) ist ein mehrschichtiges Epithel.

02-05. Mehrschichtiges unverhorntes Plattenepithel [2]

- ❑ a) ist in der nebenstehenden Abbildung dargestellt.
- ❑ b) hat eine mechanische Schutzfunktion.
- ❑ c) hat an der Oberfläche abgestorbene Epithelzellen.
- ❑ d) kommt auf der äußeren Haut vor.

02-06. Mesenchym [2]

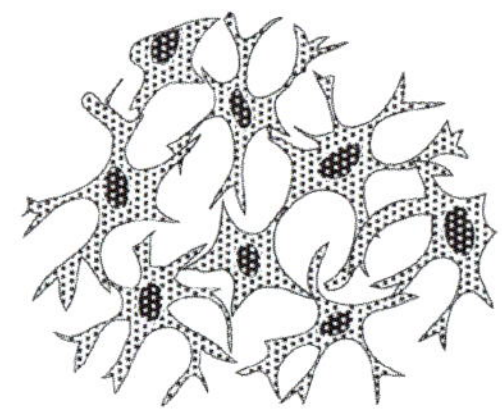

- ❑ a) ist in der nebenstehenden Abbildung nicht dargestellt.
- ❑ b) besteht aus Fibrozyten.
- ❑ c) ist der Ursprung für alle Bindegewebsarten.
- ❑ d) kommt beim Embryo bzw. Feten vor.

02-07. Retikuläres Bindegewebe [2]

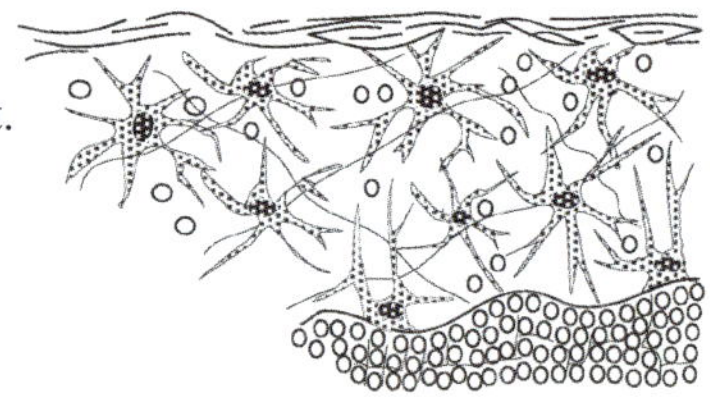

- ❑ a) ist in der nebenstehenden Abbildung dargestellt.
- ❑ b) besteht aus Mesenchymzellen.
- ❑ c) ist charakteristisch für lymphatische Organe.
- ❑ d) kommt in den Blutgefäßen vor.

02-08. Fettgewebe [2]

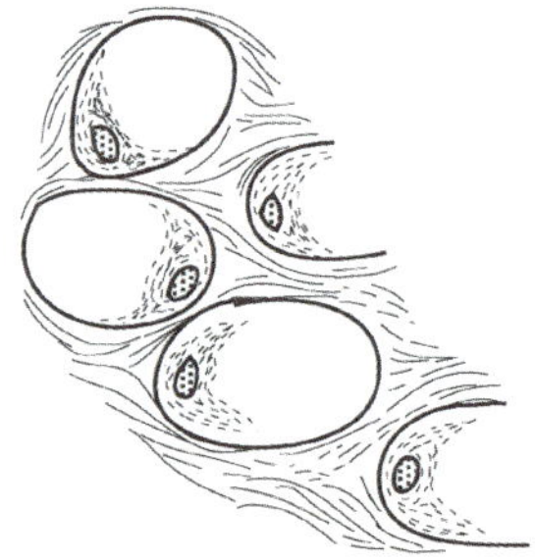

- ❑ a) ist nicht in der nebenstehenden Abbildung dargestellt.
- ❑ b) besteht aus Fettzellen, die von dichten Fasernetzen umgeben sind.
- ❑ c) dient vor allem der körpereigenen Abwehr.
- ❑ d) kommt in der Unterhaut vor.

02-09. Lockeres Bindegewebe [2]

- ❑ a) ist nicht in der nebenstehenden Abbildung dargestellt.
- ❑ b) enthält zahlreiche Fibrozyten.
- ❑ c) gewährleistet durch zelluläre Komponenten Abwehrfunktion.
- ❑ d) kommt überwiegend in den Lymphknoten vor.

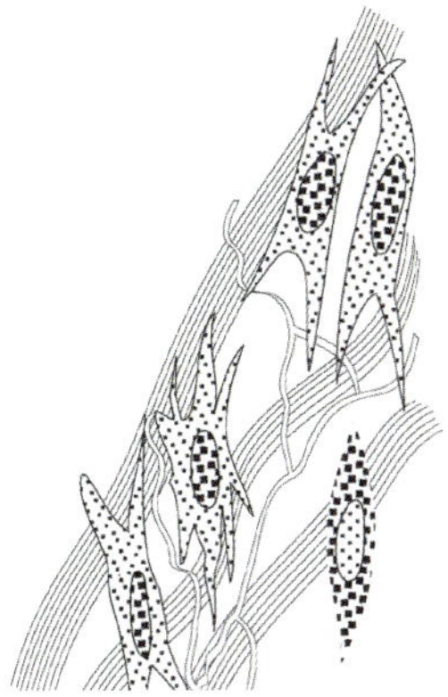

02-10. Straffes Bindegewebe [2]

- ❑ a) ist in der nebenstehenden Abbildung dargestellt.
- ❑ b) enthält viele parallel verlaufende retikuläre Fasern.
- ❑ c) dient der Kraftübertragung.
- ❑ d) kommt im Bauchfell vor.

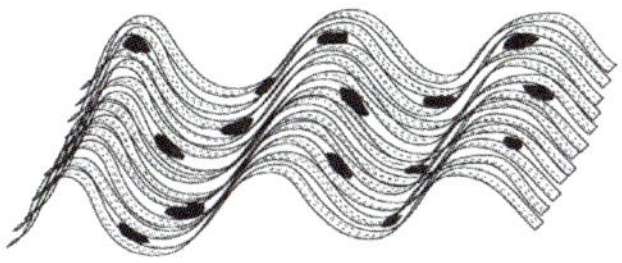

02-11. Hyaliner Knorpel [2]

- ❑ a) ist nicht in der nebenstehenden Abbildung dargestellt.
- ❑ b) wird durch Chondrozyten gebildet (1).
- ❑ c) hat die Aufgabe Reibungen zu verhindern.
- ❑ d) kommt in der Ohrmuschel vor.

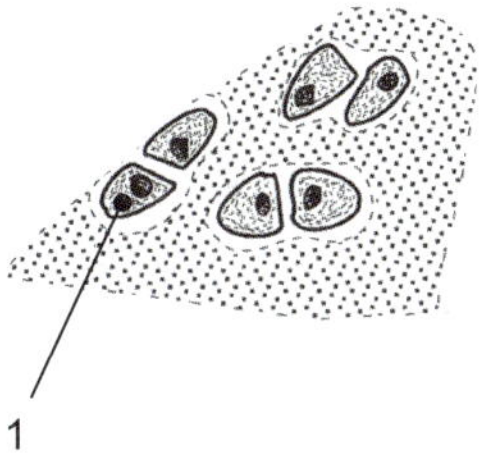

02-12. Faserknorpel [2]

- ❑ a) ist nicht in der nebenstehenden Abbildung dargestellt.
- ❑ b) wird durch Osteozyten gebildet.
- ❑ c) enthält zahlreiche kollagene Fasern.
- ❑ d) kommt in den Bandscheiben der Wirbelsäule vor.

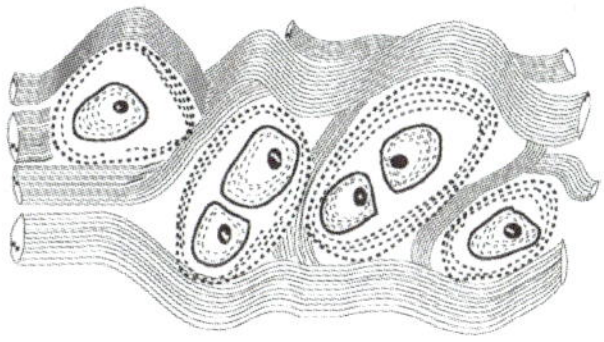

02-13. Elastischer Knorpel [2]

- ❑ a) ist in der nebenstehenden Abbildung dargestellt.
- ❑ b) wird von dichten retikulären Fasernetzen durchzogen.
- ❑ c) wird gut durchblutet.
- ❑ d) kommt in der Ohrmuschel vor.

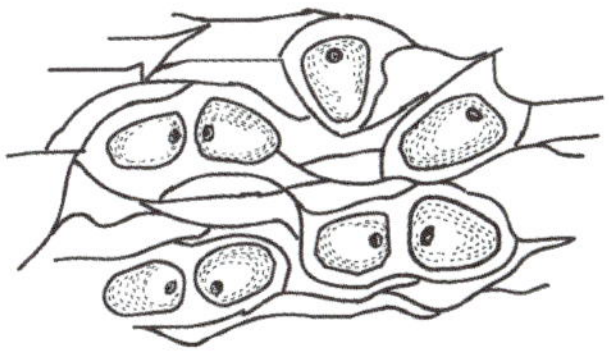

02-14. Lamellenknochen

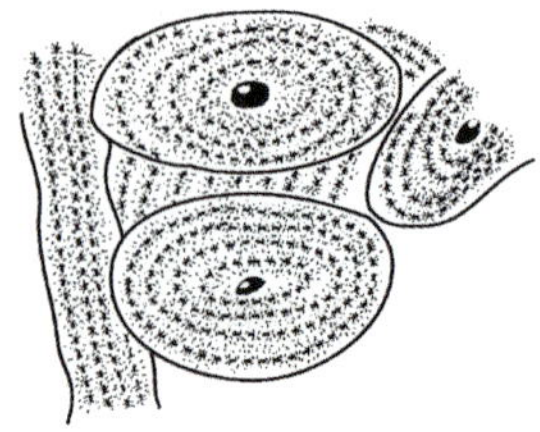

[2]

- ❑ a) ist in der nebenstehenden Abbildung dargestellt.
- ❑ b) wird durch radiär verlaufende Chondrozyten gebildet.
- ❑ c) enthält im Inneren Havers-Kanäle.
- ❑ d) besitzt keine Blutgefäße.

02-15. Quergestreifte Skelettmuskulatur

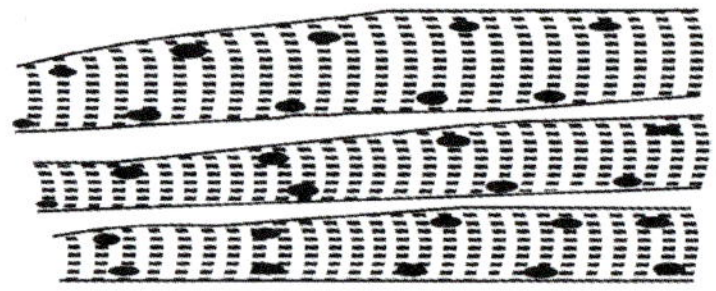

[2]

- ❑ a) ist in der nebenstehenden Abbildung dargestellt.
- ❑ b) arbeitet unwillkürlich.
- ❑ c) ist aus Muskelfasern aufgebaut.
- ❑ d) hat zentrale Zellkerne.

02-16. Eine Muskelfaser

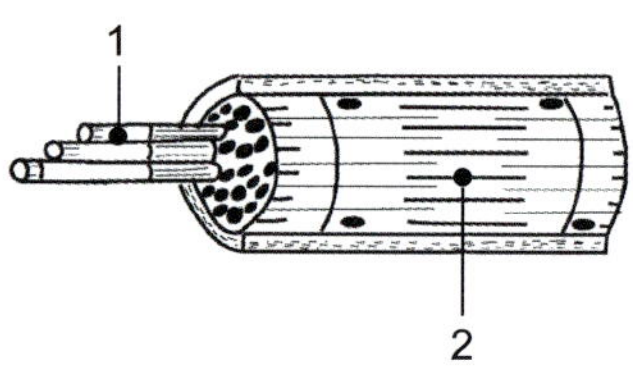

[2]

- ❑ a) kann bis zu 10 cm Länge erreichen.
- ❑ b) besteht aus Myofibrillen (1).
- ❑ c) enthält sogenannte Glanzstreifen (2).
- ❑ d) kommt ausschließlich in den inneren Organen vor.

02-17. Herzmuskulatur

[2]

- ❑ a) ist in der nebenstehenden Abbildung dargestellt.
- ❑ b) hat randständige Zellkerne.
- ❑ c) arbeitet willkürlich.
- ❑ d) besteht aus Muskelzellen, die durch Glanzstreifen in Kontakt treten.

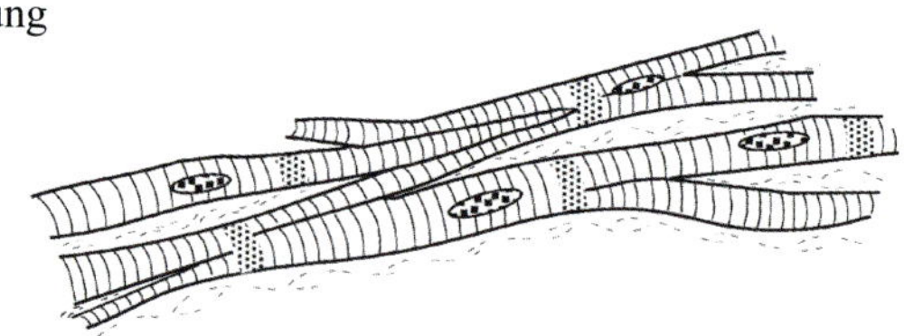

02-18. Glatte Muskulatur

[2]

- ❑ a) ist in der nebenstehenden Abbildung dargestellt.
- ❑ b) ist aus spindelförmigen Muskelzellen aufgebaut.
- ❑ c) kommt in der Skelettmuskulatur vor.
- ❑ d) arbeitet willkürlich.

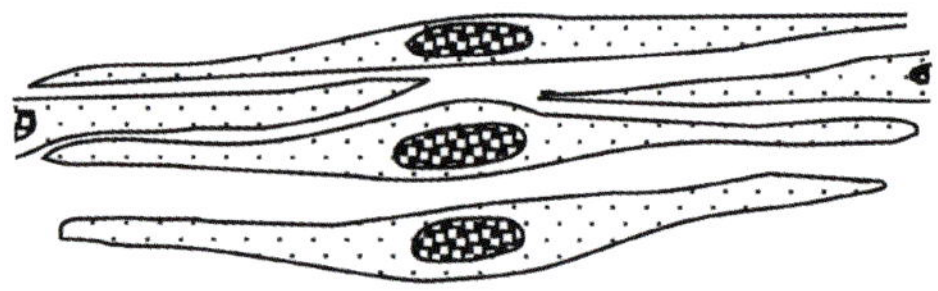

02-19. Beschriften Sie folgende Abbildung in der Tabelle! [7]

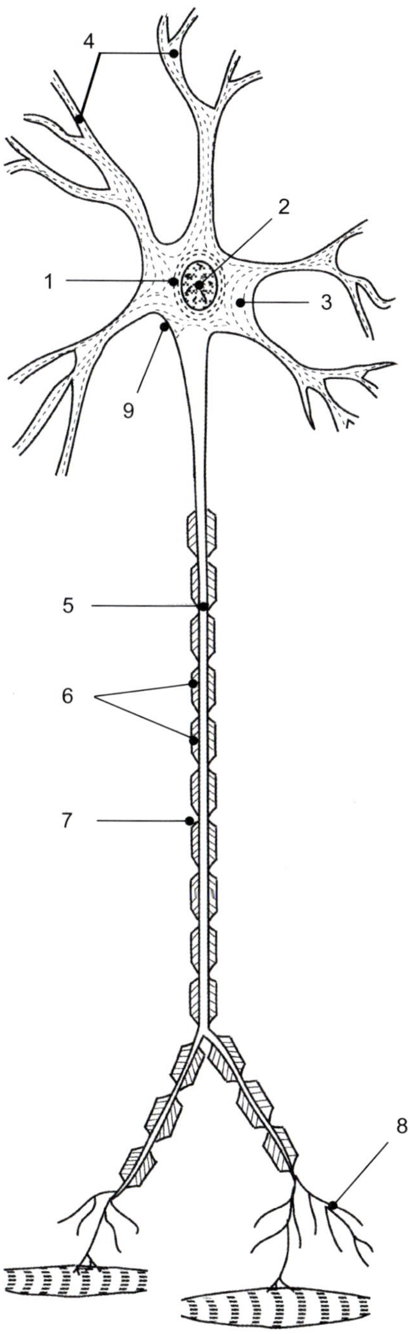

Nr.	deutsche Bezeichnung
1	
2	
3	
4	
5	
6	
7	
8	
9	

Nr.	Fachbezeichnung
1	
2	
3	
4	
5	
6	
7	
8	
9	

02-20. Vervollständigen Sie folgende Tabelle „Bindegewebe"! **[38]**

Bindegewebe	Bezeichnung	fixe Zellen	Interzellularsubstanz	Vorkommen	Funktion
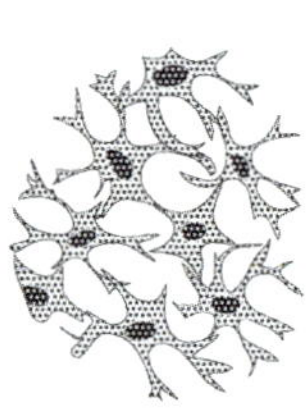	1.	1.	1.	1.	1. 2.
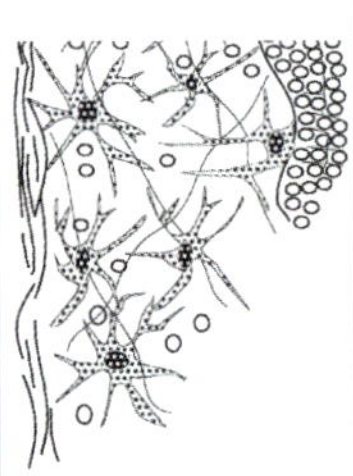	1.	1.	1.	1. 2. 3.	1. 2.
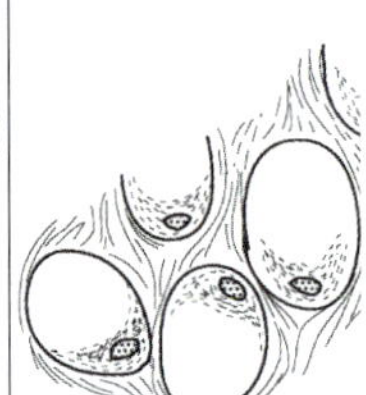	1.	1.	1.	1.	1. 2. 3. 4.
	1.	1.	1. 2. 3.	1.	1. 2.
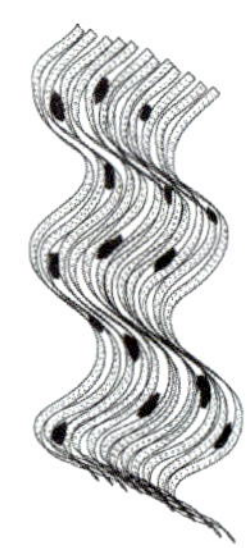	1.	1.	1. 2.	1. 2. 3.	1.

Bewegungssystem
66 Fragen

03-01. Welche Aussagen zum Röhrenknochen treffen zu? [2]

- ❑ a) Die Endabschnitte werden als Epiphysen bezeichnet.
- ❑ b) Der Mittelabschnitt heißt Diaphyse.
- ❑ c) Sie bestehen aus Geflechtknochengewebe.
- ❑ d) Das Periost ist frei von Nerven.

03-02. Die Markhöhle [2]

- ❑ a) wird als Cavitas medullaris bezeichnet.
- ❑ b) enthält beim Erwachsenen nur rotes Knochenmark.
- ❑ c) befindet sich in den Epiphysen.
- ❑ d) enthält beim Erwachsenen gelbes Fettmark.

03-03. Die Knochenbildung [2]

- ❑ a) wird als Chondrogenese bezeichnet.
- ❑ b) kann direkt oder indirekt erfolgen.
- ❑ c) beginnt bereits in der Embryonalentwicklung.
- ❑ d) geht immer von den Fibrozyten aus.

03-04. Die desmale Ossifikation [2]

- ❑ a) ist die indirekte Form der Knochenentstehung.
- ❑ b) geht vom Mesenchym aus.
- ❑ c) bildet die Knochenmanschette der Röhrenknochen.
- ❑ d) bildet die primären und sekundären Knochenkerne.

03-05. Die chondrale Ossifikation [2]

- ❑ a) ist die direkte Form der Knochenentstehung.
- ❑ b) wird in die enchondrale und in die perichondrale Ossifikation unterteilt.
- ❑ c) führt zur Ausbildung von Knochenkernen.
- ❑ d) führt zur Bildung von Bindegewebsknochen.

03-06. Kennzeichnen Sie die richtigen Antworten zu den Knochenverbindungen! [2]

- ❑ a) Durch Syndesmosis wird die Elle mit der Speiche verbunden.
- ❑ b) Eine Sutura verbindet die Handwurzelknochen miteinander.
- ❑ c) Durch Knorpelgewebe werden bei der Synchondrosis die Rippen mit dem Brustbein verbunden.
- ❑ d) Eine Amphiarthrose ist ein sehr gut bewegliches Gelenk.

03-07. Ein synoviales Gelenk [2]

- ❑ a) ist z. B. das Kniegelenk.
- ❑ b) hat keinen Gelenkspalt.
- ❑ c) besteht aus Gelenkflächen, die frei von Knorpelgewebe sind.
- ❑ d) enthält im Inneren die Gelenkschmiere.

03-08. Zu den synovialen Gelenken gehören [2]

- ❑ a) die dreiachsigen Scharniergelenke.
- ❑ b) das Schulter-und Hüftgelenk.
- ❑ c) das Kugelgelenk in Form des Ellenbogengelenks.
- ❑ d) das zweiachsige Sattelgelenk.

03-09. Ein Skelettmuskel [2]

- ❑ a) besitzt einen Ursprung und einen Ansatz.
- ❑ b) arbeitet unwillkürlich.
- ❑ c) wird von einer Faszie umgeben.
- ❑ d) besteht grundsätzlich aus einem Muskelbauch.

03-10. Kennzeichnen Sie die richtigen Antworten! [2]

- ❑ a) Eine Sehnenscheide ist eine Gleithülle aus straffem Bindegewebe und einer Synovialmembran.
- ❑ b) Ein Schleimbeutel soll die Sehnen immer feucht halten.
- ❑ c) Ein Sesambein ist ein kleiner Knochen, der in eine Sehne eingebaut ist.
- ❑ d) Aponeurosen sind runde Ansatzsehnen.

03-11. Erläutern Sie den Vorgang der desmalen Ossifikation! (Geburtshilfe) [6]

1.
2.
3.
4.
5.
6.

03-12. Beschreiben Sie den allgemeinen Bau eines Gelenkes! [15]

03-13. Beschreiben Sie die Entstehung eines Röhrenknochens! (Geburtshilfe) [20]
Die Lösung besteht aus 20 Antwortpunkten!

03-14. Beschriften Sie den Röhrenknochen in der Tabelle! **[7]**

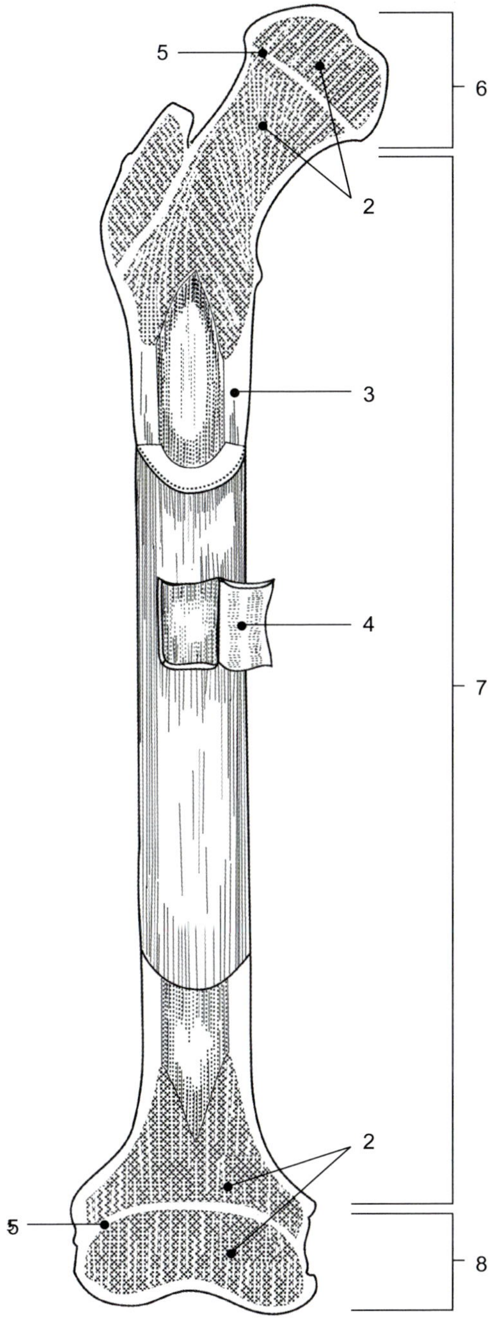

Nr.	deutsche Bezeichnung
2	
3	
4	
5	
6	
7	
8	

Nr.	Fachbezeichnung
2	
3	
4	
5	
0	
7	
8	

03-15. Vervollständigen Sie die Tabelle zur Gliederung der Wirbelsäule! [18]

Nr.	Abschnitte	Bezeichnung des Wirbels	Anzahl der Wirbel	Krümmungen
1				
2				
3				
4				entfällt
5				entfällt

03-16. Vergleichen Sie die einzelnen Wirbel miteinander. Benutzen Sie dazu die Tabelle! [14]

	Halswirbel	Brustwirbel	Lendenwirbel
Corpus vertebrae	•	• •	•
Processus transversus	• •	•	•
Processus spinosus	• •	• •	• •

03-17. Der 1. Halswirbel [2]

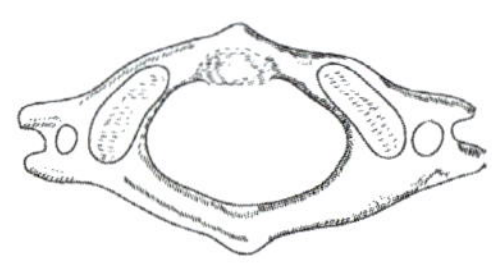

- ❑ a) wird Axis genannt.
- ❑ b) ist der Träger des Kopfes.
- ❑ c) hat ein Corpus vertebrae.
- ❑ d) hat 2 massive Seitenstücke.

03-18. Der 2. Halswirbel [2]

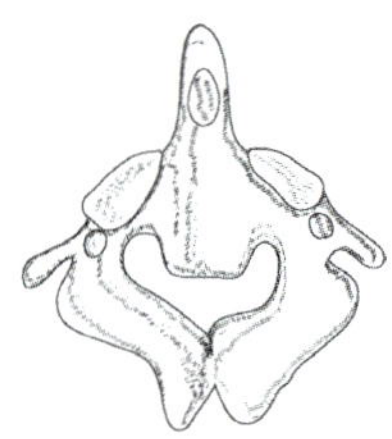

- ❑ a) wird als Atlas bezeichnet.
- ❑ b) hat einen Zahn.
- ❑ c) hat kein Corpus vertebrae.
- ❑ d) hat im Processus transversus ein Foramen transversarium.

03-19. Der Brustwirbel [2]

- ❑ a) ist gekennzeichnet durch einen langen, dorsal gerichteten Processus transversus.
- ❑ b) hat mit den Nummern 23 und 24 zwei Gelenkflächen für die Rippen.
- ❑ c) hat mit der Nummer 16 ein ventral gelegenes Corpus vertebrae.
- ❑ d) hat mit der Nummer 21 zwei untere Gelenkfortsätze.

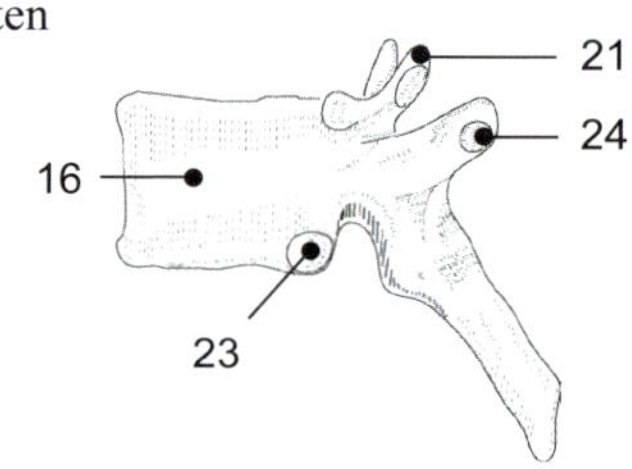

03-20. In der Abbildung sieht man [2]

- ☐ a) mit der Nummer 16 das Corpus vertebrae.
- ☐ b) mit der Nummer 25 den Discus intervertebralis.
- ☐ c) mit der Nummer 26 das Foramen intervertebrale.
- ☐ d) mit der Nummer 28 einen Gelenkfortsatz.

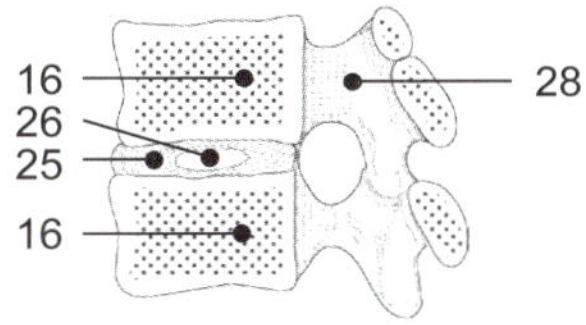

03-21. Beschriften Sie Wirbelsäule und Wirbel in der nebenstehenden Tabelle! [28]

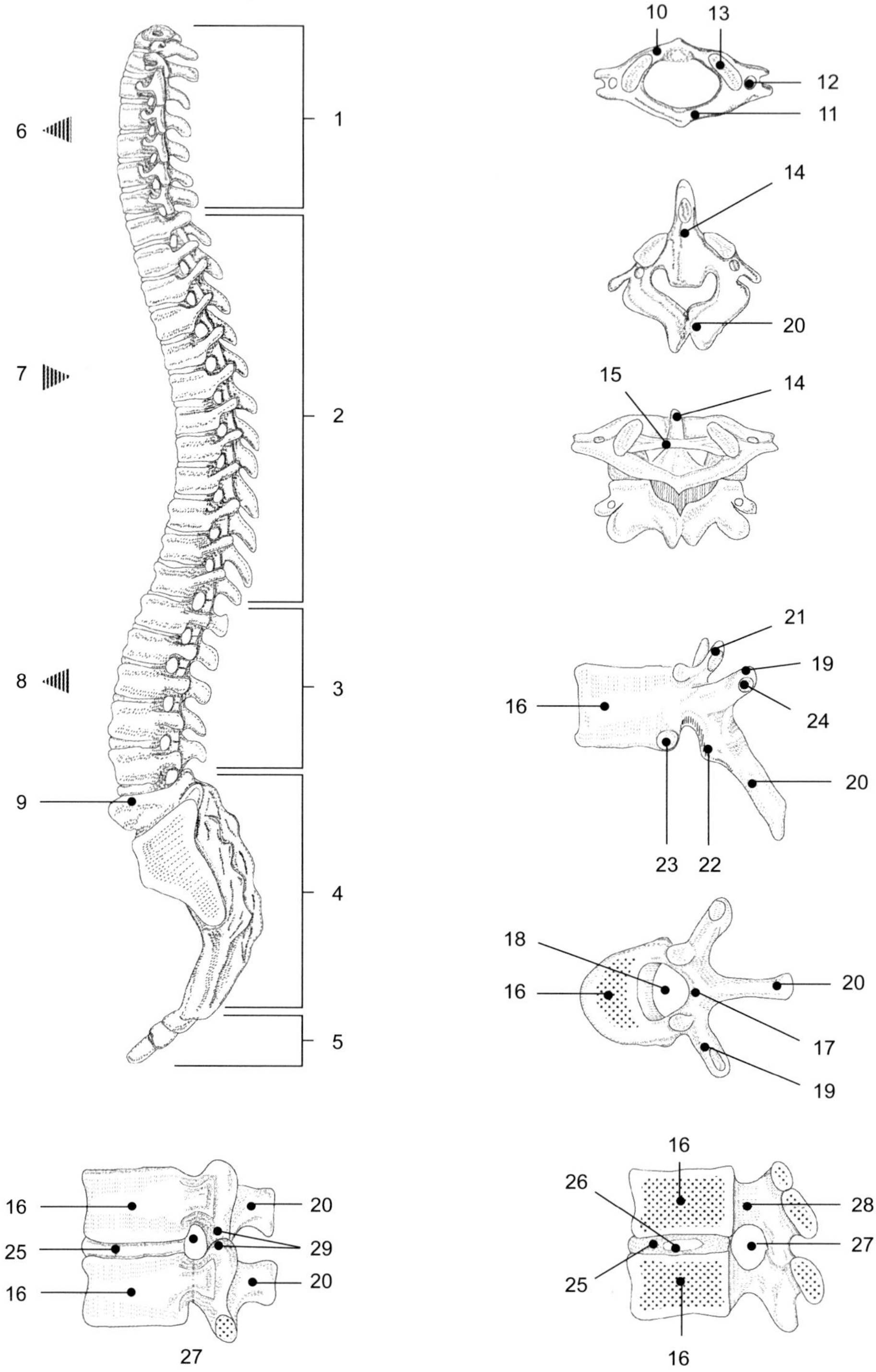

Nr.	deutsche Bezeichnung	Fachbezeichnung
1		
2		
3		
4		
5		
6		
7		
8		
9		
10		
11		
12		
13		
14		
15		
16		
17		
18		
19		
20		
21		
22		
23		
24		
25		
26		
27		
28		
29		

03-22. Nennen und erläutern Sie die Funktionen der Wirbelsäule! [9]

03-23. Erläutern Sie, wann und wodurch die Krümmungen der Wirbelsäule entstehen! (Geburtshilfe) [6]

Krümmungen	wann und wodurch
1.	•
2.	•
3.	•

03-24. Der Thorax besteht aus [1]

- ❑ a) 10 Rippenpaaren.
- ❑ b) aus dem dorsal gelegenen Brustbein.
- ❑ c) aus den Brustwirbeln.
- ❑ d) aus dem Schlüsselbein.

03-25. Das Brustbein [2]

- ❑ a) wird als Scapula bezeichnet.
- ❑ b) ist ein flacher, platter Knochen, der rotes Knochenmark enthält.
- ❑ c) ist gelenkig mit dem Schlüsselbein verbunden.
- ❑ d) besteht kaudal aus dem Handgriff.

03-26. Die Rippen [2]

- ❑ a) 1 – 8 sind direkt mit dem Brustbein verbunden.
- ❑ b) 11 und 12 sind nicht mit dem Brustbein verbunden.
- ❑ c) 8 – 10 vereinigen sich zum Rippenbogen.
- ❑ d) nehmen von der 1. bis zur 10. Rippe an Größe ab.

03-27. Der Thorax [2]

- ❑ a) hebt und senkt sich bei der Respiration.
- ❑ b) hat eine große obere Apertur.
- ❑ c) ist in sich gut gefedert.
- ❑ d) hat eine kleine untere Apertur.

03-28. Vervollständigen Sie das Arbeitsblatt zu den Formveränderungen des Thorax während der Entwicklung! (Geburtshilfe) [9]

Form des Thorax	Zeitpunkt	Begründung
•	•	• •
•	•	•
•	•	•

03-29. Der Schultergürtel **[2]**

- ❑ a) hat die Aufgabe den Arm mit dem Rumpf zu verbinden.
- ❑ b) ermöglicht die Erweiterung des Bewegungsumfanges der oberen Extremität.
- ❑ c) besteht aus einem Schulterblatt und aus einem Schlüsselbein.
- ❑ d) stellt einen geschlossenen Ring dar.

03-30. Das Schulterblatt **[2]**

- ❑ a) ist ein flacher, platter dreieckförmiger Knochen.
- ❑ b) hat an seiner medialen Fläche die Cavitas glenoidalis.
- ❑ c) hat an der costalen Fläche die Spina scapulae.
- ❑ d) ist am Acromion mit der Clavicula gelenkig verbunden.

03-31. Der Humerus **[2]**

- ❑ a) hat an seinem proximalen Ende die Trochlea humeri.
- ❑ b) stellt über das Capitulum humeri die gelenkige Verbindung zur Scapula her.
- ❑ c) hat am distalen Ende die Epicondyli medialis et lateralis.
- ❑ d) hat nach dem Caput humeri das Collum anatomicum.

03-32. Der Radius **[2]**

- ❑ a) liegt auf der Daumenseite am Unterarm.
- ❑ b) geht am proximalen Ende eine gelenkige Verbindung mit der Trochlea humeri ein.
- ❑ c) hat am distalen Ende einen Griffelfortsatz.
- ❑ d) hat am proximalen Ende einen Hakenfortsatz.

03-33. Die Ulna **[2]**

- ❑ a) liegt auf der Daumenseite am Unterarm.
- ❑ b) hat an ihrem distalen Ende einen Hakenfortsatz.
- ❑ c) geht am proximalen Ende eine gelenkige Verbindung mit der Trochlea humeri ein.
- ❑ d) hat am distalen Ende mit der proximalen Reihe der Handwurzelknochen Kontakt.

03-34. Nennen Sie die Funktionen des Beckengürtels! **[4]**

03-35. Geben Sie eine Übersicht zur Gliederung des Beckengürtels! **[8]**

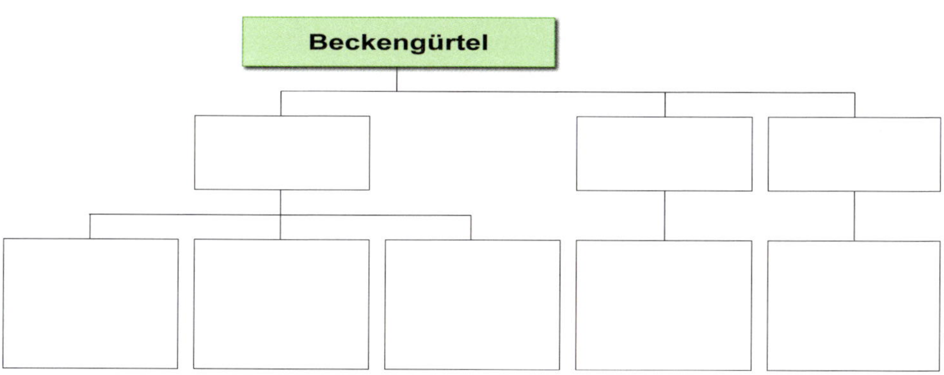

[29]

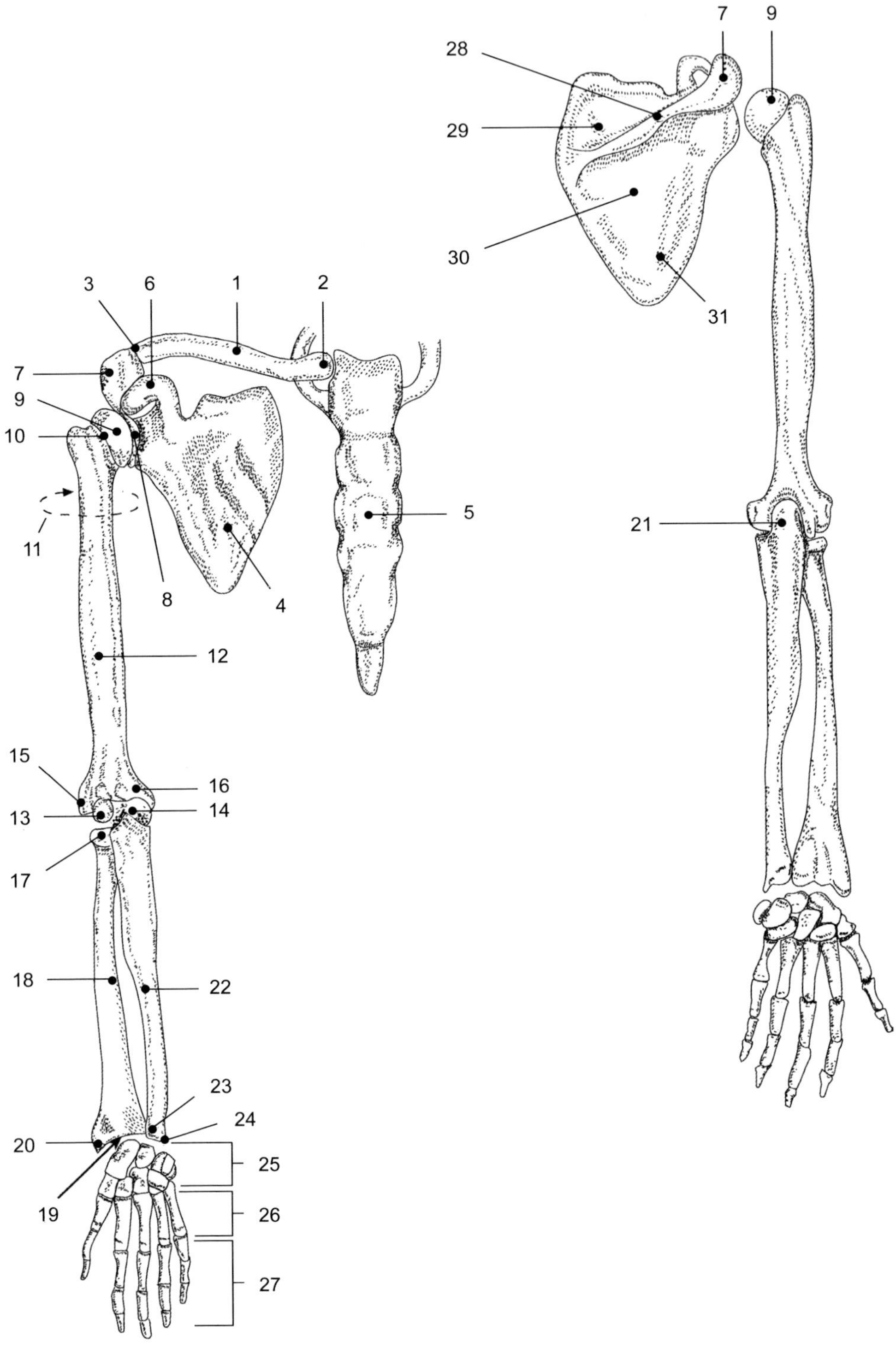
7
9
28
29
30
31
21
3
6
1
2
7
9
10
11
5
8
4
12
15
16
13
14
17
18
22
23
24
20
25
19
26
27

Nr.	deutsche Bezeichnung	Fachbezeichnung
1		
2		
3		
4		
5		
6		
7		
8		
9		
10		
11		
12		
13		
14		
15		
16		
17		
18		
19		
20		
21		
22		
23		
24		
25		
26		
27		
28		
29		
30		
31		

03-37. Vervollständigen Sie das Arbeitsblatt „Hüftbein" mit Hilfe der folgenden Abbildungen! [21]

(Geburtshilfe)

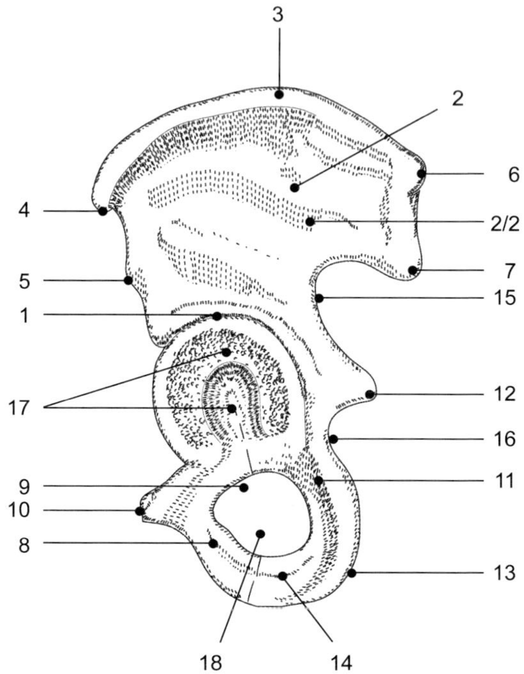

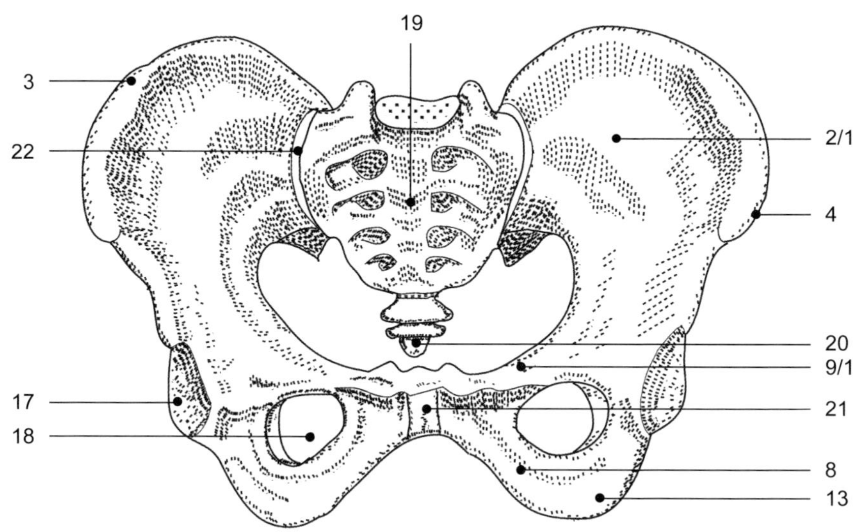

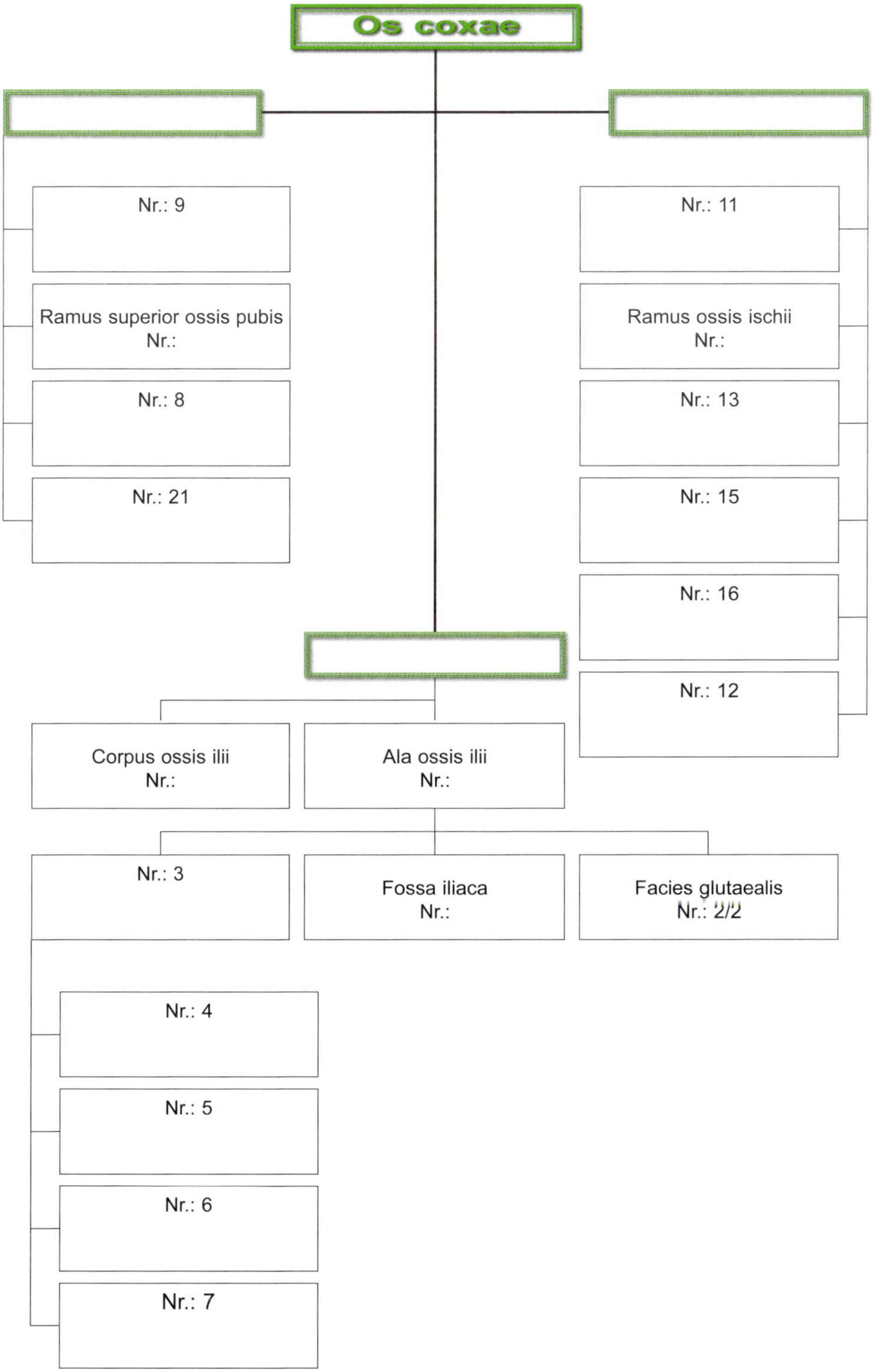
Os coxae
Nr.: 9
Ramus superior ossis pubis
Nr.:
Nr.: 8
Nr.: 21
Nr.: 11
Ramus ossis ischii
Nr.:
Nr.: 13
Nr.: 15
Nr.: 16
Nr.: 12
Corpus ossis ilii
Nr.:
Ala ossis ilii
Nr.:
Nr.: 3
Fossa iliaca
Nr.:
Facies glutaealis
Nr.: 2/2
Nr.: 4
Nr.: 5
Nr.: 6
Nr.: 7

03-38. Os coxae (Geburtshilfe) **[30]**

1. Beschreiben Sie den Aufbau des „Os coxae“! (21)

2. Nennen Sie die Merkmale des weiblichen Beckens! (4)

-
-
-
-

3. Nennen Sie die markanten Punkte, die die Linea terminalis bilden! (5)

-
-
-
-

03-39. Beckenmaße (Geburtshilfe) **[35]**

Beckeneingangsraum

Form von oben:	Form von der Seite:

Bezeichnung des Maßes	Länge	gemessen von ↔ bis
1.		
2.		
3.		
4.		
5.		

Beckenhöhle

Form von oben:	Form von der Seite:

Bezeichnung des Maßes	Länge	gemessen von ↔ bis
keine		

Beckenausgangsraum

Form von oben:	Form von der Seite:

Bezeichnung des Maßes	Länge	gemessen von ↔ bis
1. gerader Durchmesser		
2. querer Durchmesser		

Äußere Beckenmaße

Bezeichnung des Maßes	Länge	gemessen von ↔ bis
1.		zwischen Spina iliaca anterior superior drextra et sinistra
2.	28 cm	
3. Distantia trochanterum		
4.	21 cm	

03-40. Beschriften Sie die Beckenmaße in der untenstehenden Tabelle! (Geburtshilfe) **[10]**

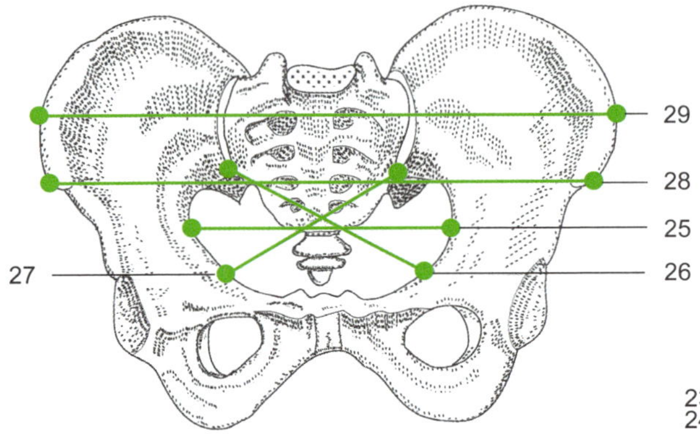

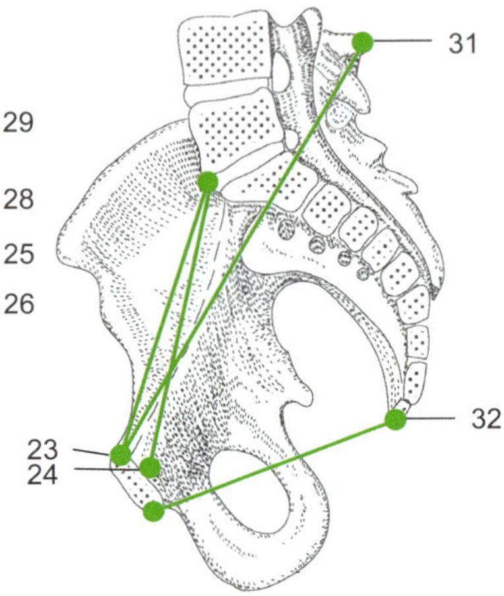

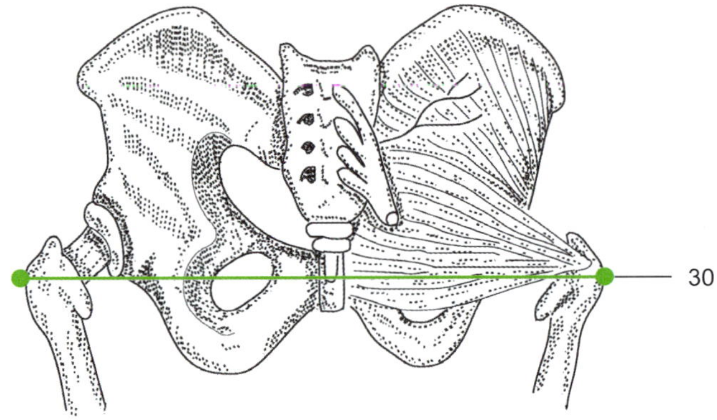

Nr.	deutsche Bezeichnung	Fachbezeichnung
23		
24		
25		
26		
27		
28		
29		
30		
31		
32		

03-41. Beschriften Sie den Beckenaufbau in der untenstehenden Tabelle! **[21]**

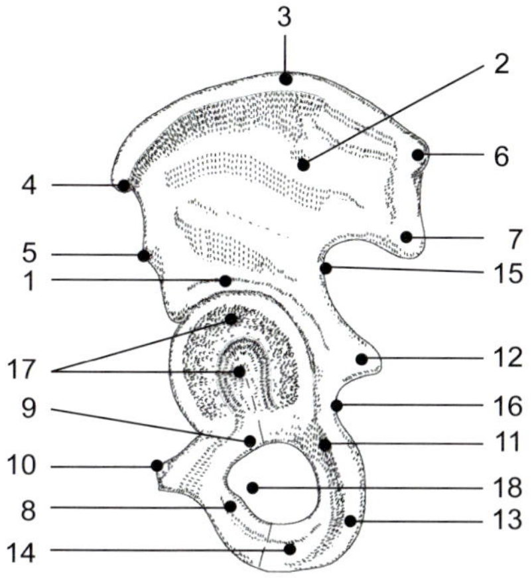

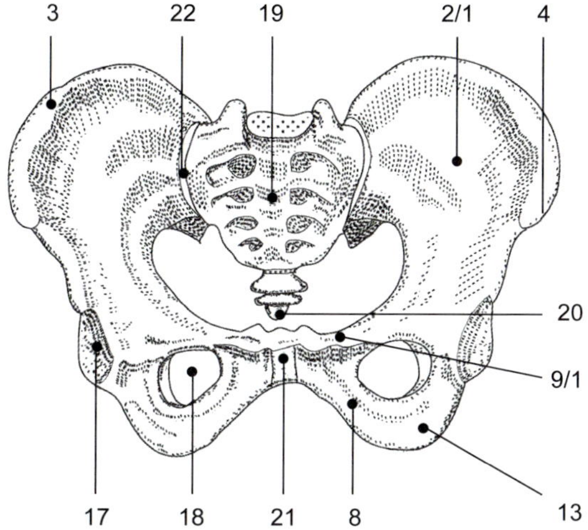

Nr.	deutsche Bezeichnung	Fachbezeichnung
1		
2		
2/1		
3		
4		
5		
6		
7		
8		
9		
9/1		
10		
11		
12		
13		
14		
15		
16		
17		
18		
19		
20		
21		
22		

03-42. Beschriften Sie die Abbildungen, die unter 03-41. dargestellt sind! (Geburtshilfe) [23]

Nr.	deutsche Bezeichnung	Fachbezeichnung
1		
2		
2/1		
3		
4		
5		
6		
7		
8		
9		
9/1		
10		
11		
12		
13		
14		
15		
16		
17		
18		
19		
20		
21		
22		

03-43. Am proximalen Ende des Oberschenkelknochens lassen sich folgende Strukturen erkennen! [2]

- ❑ a) Condylus medialis
- ❑ b) Fossa intercondylaris
- ❑ c) Caput femoris
- ❑ d) Trochanter major

03-44. Am distalen Ende des Oberschenkelknochens lassen sich folgende Strukturen erkennen! [2]

- ❑ a) Collum femoris
- ❑ b) Fossa intercondylaris
- ❑ c) Facies poplitea
- ❑ d) Trochanter minor

03-45. An der Tibia sind folgende Strukturen erkennbar! [2]

- ❑ a) Caput tibiae
- ❑ b) Capitulum humeri
- ❑ c) Trochlea humeri
- ❑ d) Malleolus medialis

03-46. Kennzeichnen Sie die richtigen Antworten! [2]

- ❑ a) Der Fuß wird unterteilt in
  - Tarsus
  - Metatarsus
  - Digiti.
- ❑ b) Der Fuß wird unterteilt in
  - Carpus
  - Metacarpus
  - Digiti.
- ❑ c) Der Fuß besteht aus 8 Fußwurzelknochen.
- ❑ d) Der Fuß hat ein oberes und ein unteres Sprunggelenk.

03-47. Welche Knochen sind an der Bildung des Gesichtsschädels beteiligt? [2]

- ❑ a) Os temporale
- ❑ b) Os zygomaticum
- ❑ c) Os nasale
- ❑ d) Os occipitale

03-48. Welche Knochen sind an der Bildung der Schädelbasis beteiligt? [2]

- ❑ a) Os sphenoidale
- ❑ b) Os occipitale
- ❑ c) Mandibula
- ❑ d) Os parietale

03-49. Welche Knochen sind an der Bildung des Schädeldachs beteiligt? [2]

- ❑ a) Os parietale
- ❑ b) Os frontale
- ❑ c) Os ethmoidale
- ❑ d) Os lacrimale

03-50. Welche der aufgeführten Liste enthält die Knochen des Gesichtsschädels! [1]

❑ **Liste „a“**

- Os lacrimale
- Os frontale
- Os sphenoidale
- Os ethmoidale
- Os nasale
- Os parietale
- Maxilla
- Mandibula
- Concha nasalis inferior
- Vomer

❑ **Liste „b“**

- Os occipitale
- Os frontale
- Os zygomaticum
- Os sphenoidale
- Os ethmoidale
- Os nasale
- Os palatinum
- Maxilla
- Mandibula
- Concha nasalis inferior

❑ **Liste „c“**

- Os lacrimale
- Os frontale
- Os zygomaticum
- Os ethmoidale
- Os nasale
- Os palatinum
- Maxilla
- Mandibula
- Concha nasalis inferior
- Vomer

❑ **Liste „d“**

- Os lacrimale
- Os frontale
- Os zygomaticum
- Calvaria
- Os nasale
- Os palatinum
- Maxilla
- Mandibula
- Concha nasalis inferior
- Vomer

03-51. Beschriften Sie die Abbildung der unteren Extremität in der nebenstehenden Tabelle! [20]

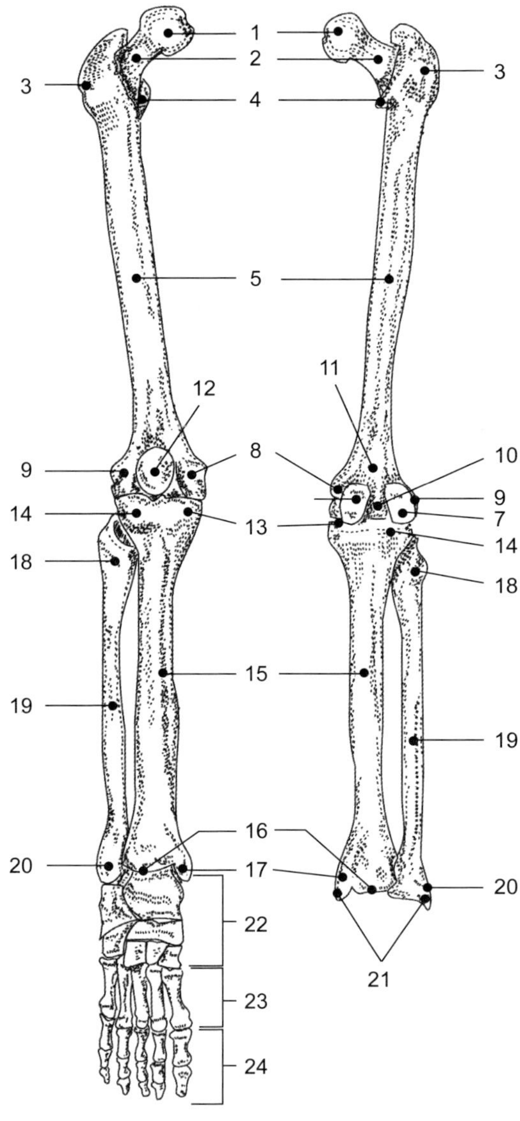

Nr.	deutsche Bezeichnung	Fachbezeichnung
1		
2		
3		
4		
5		
6		
7		
8		
9		
10		
11		
12		
13		
14		
15		
16		
17		
18		
19		
20		
21		
22		
23		
24		

03-52. Beschriften Sie den Schädel in der nebenstehenden Tabelle! [21]

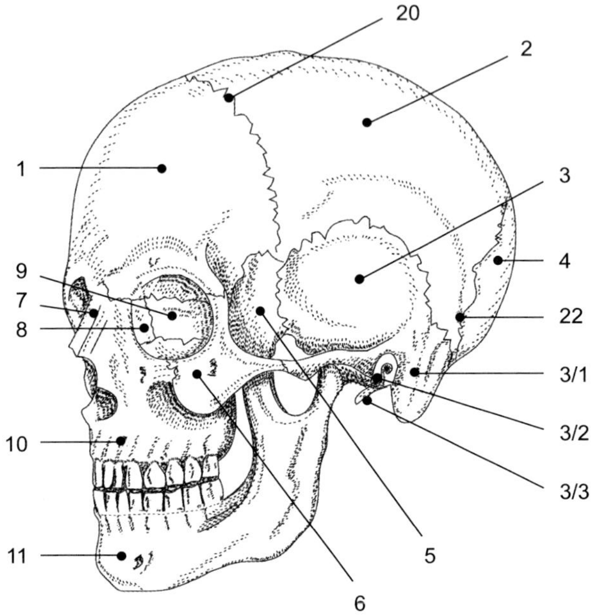

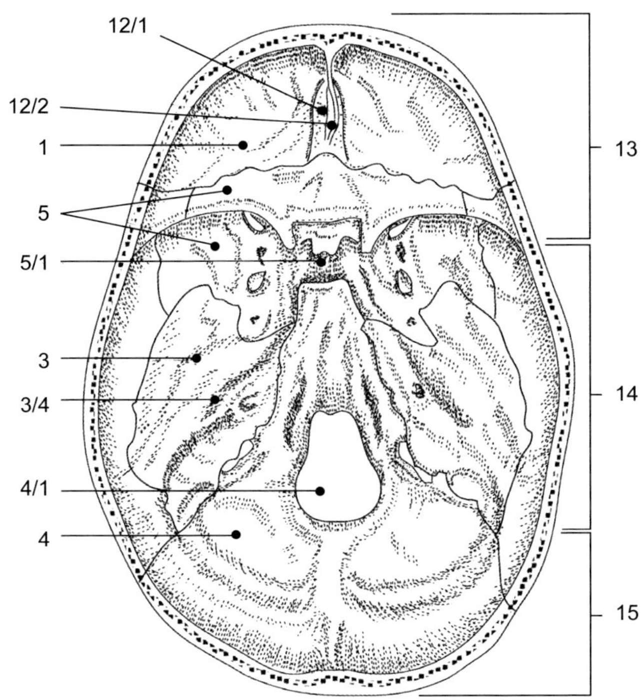

Nr.	deutsche Bezeichnung	Fachbezeichnung
1		
2		
3		
3/1		
3/2		
3/3		
3/4		
4		
4/1		
5		
5/1		
6		
7		
8		
9		
10		
11		
12/1		
12/2		
13		
14		
15		

03-53. Welche der aufgeführten Liste enthält die Knochen der Schädelbasis! [1]

❑ Liste „a“	❑ Liste „b“	❑ Liste „c“	❑ Liste „d“
• Os zygomaticum	• Os frontale	• Os frontale	• Os frontale
• Os ethmoidale	• Os parietale	• Os ethmoidale	• Os ethmoidale
• Os sphenoidale	• Os sphenoidale	• Os sphenoidale	• Os sphenoidale
• Os temporale	• Os temporale	• Os lacrimale	• Os temporale
• Os occipitale	• Os occipitale	• Os occipitale	• Os occipitale

03-54. Welche der aufgeführten Liste enthält die Knochen des Schädeldachs! [1]

❑ Liste „a“	❑ Liste „b“	❑ Liste „c“	❑ Liste „d“
• Os frontale	• Os frontale	• Os frontale	• Os frontale
• Os palatinum	• Os parietale	• Os parietale	• Os parietale
• Os occipitale	• Os occipitale	• Os ethmoidale	• Os occipitale
• Os temporale	• Os temporale	• Os temporale	• Os zygomaticum

03-55. Welche Knochen sind an der Bildung der Nasenhöhle beteiligt? [2]

❑ a) Os ethmoidale
❑ b) Os zygomaticum
❑ c) Os frontale
❑ d) Mandibula

03-56. Welche Knochen sind an der Bildung der Augenhöhle beteiligt? [2]

❑ a) Os lacrimale
❑ b) Os sphenoidale
❑ c) Os occipitale
❑ d) Os temporale

03-57. Kennzeichnen Sie die richtigen Antworten! [2]

❑ a) Die Kranznaht liegt zwischen den beiden Ossa parietalia und dem Os occipitale.
❑ b) Die Lambdanaht liegt zwischen den beiden Ossa parietalia.
❑ c) Die Pfeilnaht liegt zwischen den beiden Ossa parietalia.
❑ d) Die Kranznaht liegt zwischen dem Os frontale und den beiden Ossa parietalia.

03-58. An der Schädelbasis lassen sich folgende Strukturen erkennen! [2]

❑ a) Foramen occipitale magnum
❑ b) Sinus maxillaris
❑ c) Türkensattel
❑ d) Pfeilnaht

03-59. Kennzeichnen Sie die richtigen Antworten! [2]

❑ a) Der Sinus frontalis ist die Kieferhöhle.
❑ b) Alle Nasennebenhöhlen haben eine direkte Verbindung zur Nasenhöhle.
❑ c) Die Nasennebenhöhlen sind luftleer.
❑ d) Die Kieferhöhle ist die größte der Nasennebenhöhlen.

03-60. Beschriften Sie den Neugeborenenschädel in der Tabelle! (Geburtshilfe) [5]

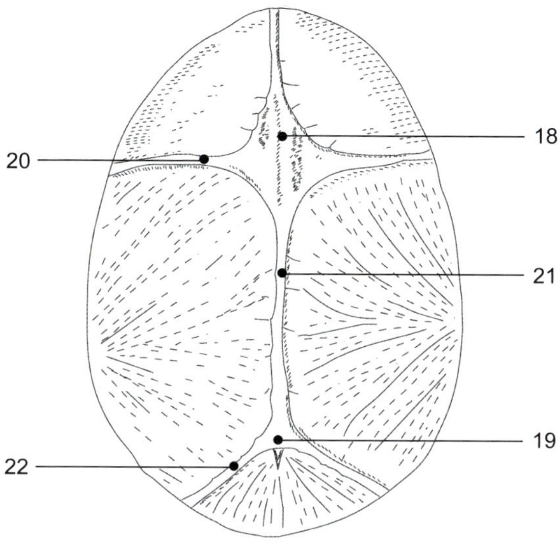

Nr.	deutsche Bezeichnung	Fachbezeichnung
18		
19		
20		
21		
22		

03-61. Vervollständigen Sie die Tabelle zur Thematik „Fontanellen"! (Geburtshilfe) [10]

Bezeichnung der Fontanelle	Größe/Form	Zeitpunkt des Schließens
(1. Seitenfontanelle)	*(nicht auszufüllen)*	
(2. Seitenfontanelle)	*(nicht auszufüllen)*	

03

03-62. Vergleichen Sie das Schultergelenk mit dem Hüftgelenk! [20]

	Schultergelenk	Hüftgelenk
1. beteiligte Knochenstrukturen	• •	• •
2. Kontaktflächen	• • •	• •
3. Knochenführung	• •	•
4. Gelenkkapsel	•	•
5. Art des Gelenks und Bewegungen	• • •	• • •
6. Stabilität	•	• •

03-63. Vergleichen Sie das Ellenbogengelenk mit dem Kniegelenk! [24]

	Ellenbogengelenk	Kniegelenk
1. beteiligte Knochenstruktur	• • • •	• • • •
2. Kontaktflächen	•	• •
3. Knochenführung	•	•
4. Gelenkkapsel	• •	• •
5. Art des Gelenks und Bewegungen	• • •	• • •
6. Stabilität	•	• •

03-64. Beschriften Sie die Abbildungen zum Beckenboden in der nebenstehenden Tabelle! [20]
(Geburtshilfe)

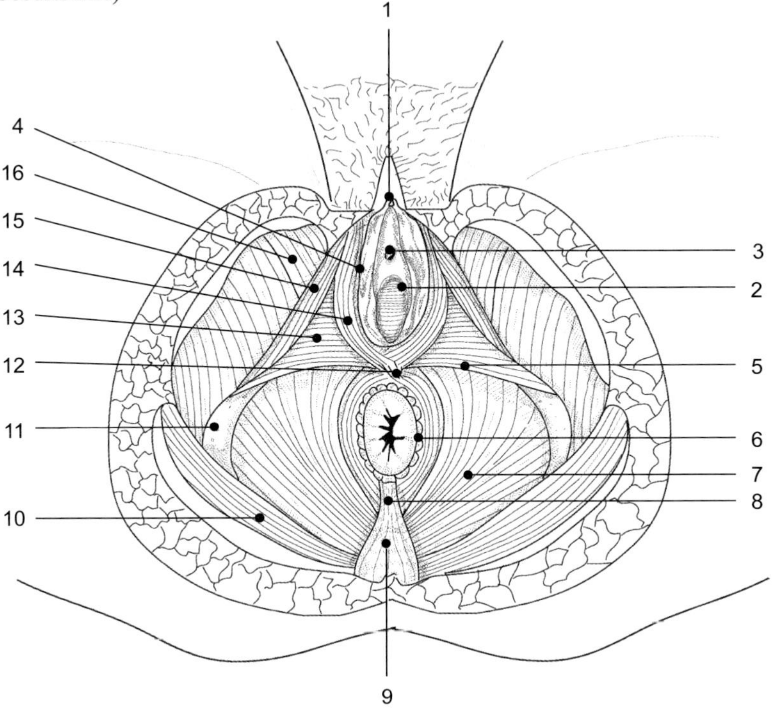

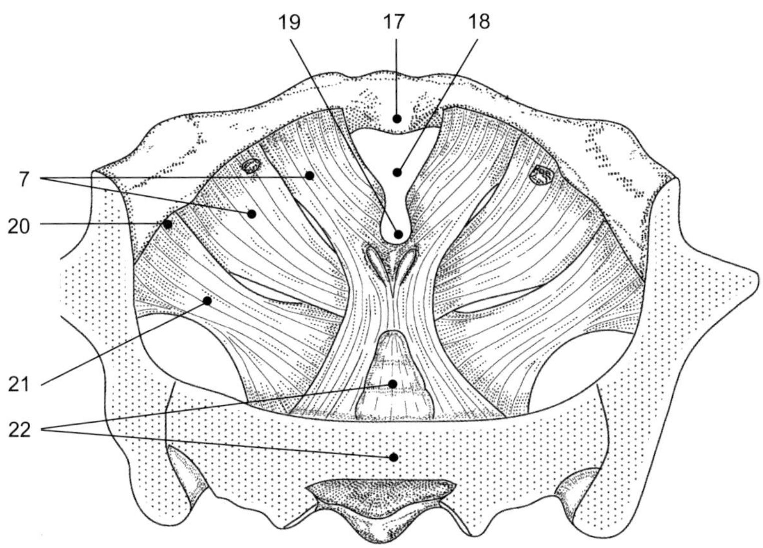

Nr.	deutsche Bezeichnung	Fachbezeichnung
1		
2		
3		
4		
5		
6		
7		
8		
9		
10		
11		
12		
13		
14		
15		
16		
17		
18		
19		
20		
21		
22		

03-65. Vervollständigen Sie das nachfolgende Arbeitsblatt zum Beckenboden mit Hilfe der Abbildungen aus der Frage 03-64! (Geburtshilfe) [44]

1. Diaphragma pelvis (innerste Schicht)		
• **Funktion:**		(1)
• **Form:**		(1)
• **Abschnitte:**	• **Nummerierung:**	
1.1 M. levator ani	Nr.:	(1)
1.2 M. coccygeus	Nr.:	(1)

1.1 Beschreibung zum M. levator ani		
Ursprung	**Verlauf**	**Ansatz**
(3)	(1)	(2)
	(1)	(3)

1.2 Beschreibung zum M. coccygeus		
Ursprung	**Verlauf**	**Ansatz**
(1)	(1)	(1)

2. Diaphragma urogenitale (mittlere Schicht)		
• **Funktion:**		(1)
• **Form:**		(1)
• **Abschnitte:**	• **Nummerierung:**	
2.1 (1)	Nr.: 13	
2.2 kranial und kaudal bedeckende Platte	keine	
2.3 Raum zwischen den beiden Faszien (Spatium perinei profundum)	keine	

2.1		(1)
Ursprung	**Verlauf**	**Ansatz**
(2)	(1)	(1)

3. Dammuskulatur (äußere Schicht)	
• Funktion: (2) • •	
• Form: (1) •	
• Abschnitte: 3.1 M. spincter ani externus 3.2 M. bulbospongiosus 3.3 M. ischiocavernosus 3.4 M. transversus perinei superficialis	• Nummerierung: Nr.: (1) Nr.: (1) Nr.: (1) Nr.: (1)

3.1 Beschreibung zum M. spincter ani externus

Ursprung	Verlauf	Ansatz
(1)	(1)	(1)

3.2 Beschreibung zum M. bulbospongiosus

Ursprung	Verlauf	Ansatz
(1)	(1)	(1)

3.3 Beschreibung zum M. ischiocavernosus

Ursprung	Verlauf	Ansatz
(1)	(1)	(1)

3.4 Beschreibung zum M. transversus perinei superficialis

Ursprung	Verlauf	Ansatz
(1)	(1)	(1)

03-66. Tragen Sie in der folgenden Tabelle die Muskeln ein, die der Atmung dienen! **[6]**

Muskeln, die der Atmung dienen	
Inspiration	Exspiration
•	•
•	•
•	•
•	•
•	•

Herz- und Kreislaufsystem
61 Fragen

04-01. Beschreiben Sie die Lage des Herzens! [11]

•	
•	
•	
•	
•	
•	
• Nachbarschaftsbeziehungen:	
•	< >
•	< >
•	< >
•	< >

04-02. Ordnen Sie die Herzklappen den Hohlräumen des Herzens zu! [8]

Bezeichnung	Lage
•	
•	
•	
•	

04-03. Ordnen Sie die Gefäße der Herzbasis den Hohlräumen zu! [9]

Hohlräume	Gefäße der Herzbasis
•	
•	
•	
•	

04-04. Nennen Sie die Form des Herzens und geben Sie äußerlich erkennbare Strukturen mit kurzer Lagebezeichnung an! [8]

04-05. Beschreiben Sie den Schichtaufbau des Herzens! [15]

04-06. Beschreiben Sie den Aufbau der Segelklappen! [6]

04-07. Beschreiben Sie den Aufbau der Taschenklappen! [4]

04-08. Erläutern Sie den Verlauf und die Versorgungsgebiete der Herzkranzgefäße! [12]

1. Arterien:	1.1
	•
	•
	•
	•
	1.2
	•
	•
	•
	•

2. Venen:	
	•
	•

04-09. Beschriften Sie folgende Abbildung in der untenstehenden Tabelle! **[18]**

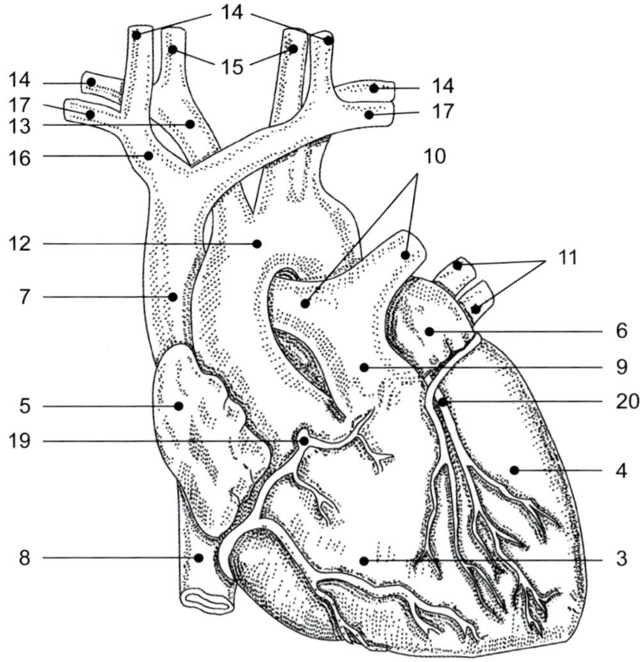

Nr.	deutsche Bezeichnung	Fachbezeichnung
3		
4		
5		
6		
7		
8		
9		
10		
11		
12		
13		
14		
15		
16		
17		
18		
19		
20		

04-10. Beschriften Sie folgende Abbildung in der untenstehenden Tabelle! **[24]**

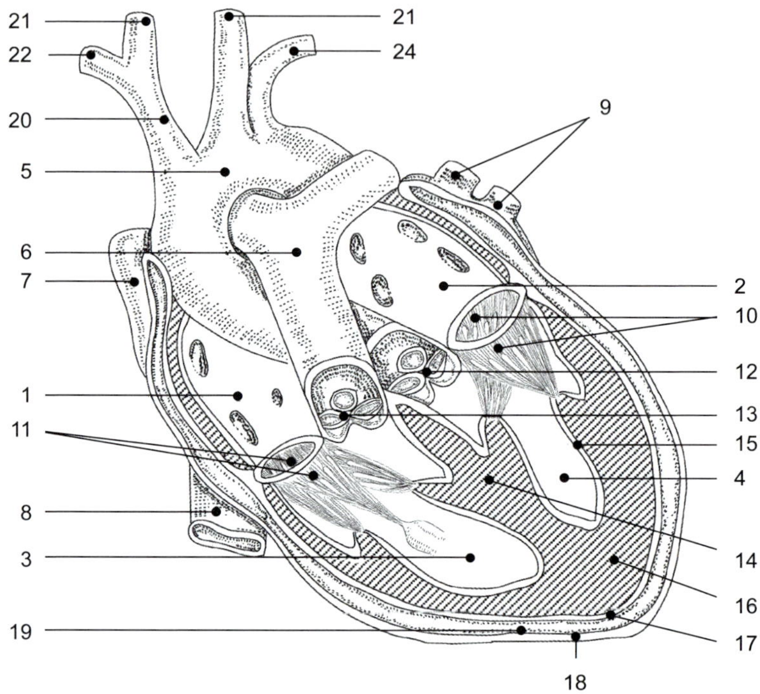

Nr.	deutsche Bezeichnung	Fachbezeichnung
1		
2		
3		
4		
5		
6		
7		
8		
9		
10		
11		
12		
13		
14		
15		
16		
17		
18		

Nr.	deutsche Bezeichnung	Fachbezeichnung
19		
20		
21		
22		
23		
24		

04-11. Das Herz liegt [2]

- ❑ a) im Thorax, im mittleren unteren Mediastinum.
- ❑ b) zu 2/3 rechts und zu 1/3 links.
- ❑ c) mit der Herzbasis im 5. Interkostalraum.
- ❑ d) mit der Herzspitze im 5. Interkostalraum.

04-12. Kennzeichnen Sie die richtigen Antworten! [2]

- ❑ a) Die Valva tricuspidalis liegt zwischen Atrium sinistrum und Ventriculus sinister.
- ❑ b) Die Valva aortae liegt zwischen Ventriculus sinister und Aorta.
- ❑ c) Die Valva bicuspidalis (mitralis) liegt zwischen Atrium dextrum und Ventriculus dexter.
- ❑ d) Die Valva trunci pulmonalis liegt zwischen Ventriculus dexter und Truncus pulmonalis.

04-13. Kennzeichnen Sie die richtigen Antworten! [2]

- ❑ a) Die V. cava inferior mündet im Atrium dextrum.
- ❑ b) Der Truncus pulmonalis entspringt aus dem Atrium sinistrum.
- ❑ c) Die Vv. pulmonales münden in das Atrium dextrum.
- ❑ d) Die Aorta entspringt aus dem Ventriculus sinister.

04-14. Das Endokard [2]

- ❑ a) ist die Herzaußenhaut.
- ❑ b) hat eine spiegelglatte Oberfläche.
- ❑ c) wird durch Bindegewebe mit dem Myokard verbunden.
- ❑ d) besteht aus mehrschichtig unverhorntem Plattenepithel.

04-15. Das Myokard [2]

- ❑ a) besteht aus Herzmuskelgewebe.
- ❑ b) ist im Bereich des Ventriculus dexter am stärksten ausgeprägt.
- ❑ c) der Vorhöfe ist vom Myokard der Kammern getrennt.
- ❑ d) ist im Bereich der Vorhöfe nicht vorhanden.

04-16. Das Epikard [2]

- ❑ a) ist die Herzinnenhaut.
- ❑ b) besteht an der Außenfläche aus einschichtigem Plattenepithel.
- ❑ c) geht im Bereich der Herzbasis in das Perikard über.
- ❑ d) ist direkt mit dem Endokard verbunden.

04-17. Kennzeichnen Sie die richtigen Antworten! [2]

- ❑ a) Die Segelklappen bestehen aus einer Doppellage Endokard.
- ❑ b) Die Segel werden durch bindegewebige Stränge mit der Vorhofmuskulatur verbunden.
- ❑ c) Die halbmondförmigen Taschen der Taschenklappen hängen in einem bindegewebigen Ring.
- ❑ d) Die halbmondförmigen Taschen bestehen aus einer Doppellage Endokard.

04-18. Kennzeichnen Sie die richtigen Antworten! [2]

- ❑ a) Die A. coronaria dextra entspringt aus dem Pars ascendens aortae und verläuft hinter dem Truncus pulmonalis entlang.
- ❑ b) Die A. coronaria sinistra gibt einen Ast ab, der zwischen den beiden Vorhöfen zur Herzbasis zieht.
- ❑ c) Der Sinus coronarius zieht an der Hinterwand entlang und mündet im Atrium dextrum.
- ❑ d) Die A. coronaria dextra versorgt das Atrium dextrum, den Ventriculus dexter und Teile des Ventriculus sinister.

04-19. Beschriften Sie folgende Abbildung in der folgenden Tabelle! [6]

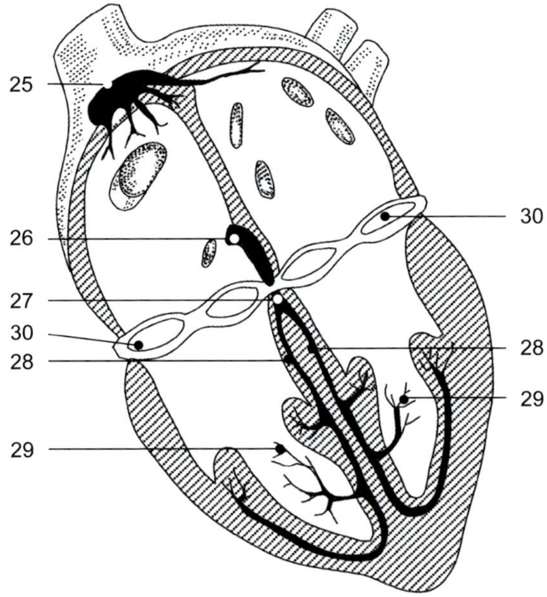

Nr.	deutsche Bezeichnung	Fachbezeichnung
25		
26		
27		
28		
29		
30		

04-20. Vervollständigen Sie das folgende Arbeitsblatt zur Thematik „Erregungsbildung und -leitung am Herzen"! [23]

Abschnitt	Lage	Funktion
	• • •	• •
	• • •	• • •
	•	•
	•	•
	•	• •

04-21. Beschreiben Sie den Vorgang der Herzmechanik! [30]

Phase/Vorgang	
1.	1.1
	• • • • •
	1.2
	• • • •
	1.3
	• • • • • • • • •
2.	2.1
	• • •
	2.2
	• • •

04-22. Vervollständigen Sie das Arbeitsblatt „Herzmechanik“! [28]

Phase	Vorhöfe			Kammern		
	Segelklappen	Kontraktion	Füllung	Taschenklappen	Kontraktion	Füllung
1. Anspannungsphase	•	•	•	•	•	•
2. Austreibungsphase	•	• •	• •	•	• •	•
3. Entspannungsphase	•	•	•	•	• •	•
4. Füllungsphase	•	•	•	•	•	•

04-23. Der Sinusknoten [2]

- ❑ a) befindet sich an der Einmündungsstelle der V. cava inferior.
- ❑ b) liegt dem Perikard direkt an.
- ❑ c) bildet selbständig Erregungen.
- ❑ d) leitet Erregungen an Vorhofmyokard weiter.

04-24. Der AV-Knoten [2]

- ❑ a) befindet sich im Atrium sinistrum.
- ❑ b) liegt dem Septum interventriculare direkt an.
- ❑ c) ist in der Lage selbständig Erregungen zu bilden.
- ❑ d) leitet die Erregungen an das His-Bündel weiter.

04-25. Zu Beginn der Systole [2]

- ❑ a) ist das Kammermyokard erschlafft.
- ❑ b) sind die Kammern mit Blut gefüllt.
- ❑ c) sind die Taschenklappen offen.
- ❑ d) ist der Druck bei ca. 80 Torr.

04-26. Während der Anspannungsphase der Systole [2]

- ❑ a) kommt es zur isovolumetrischen Kontraktion der Kammermuskulatur.
- ❑ b) kommt es zum Schließen der Taschenklappen.
- ❑ c) kommt es zur Füllung der Vorhöfe mit Blut.
- ❑ d) schließen sich die Segelklappen.

04-27. Während der Austreibungsphase der Systole [2]

- ❑ a) kommt es zur auxotonischen Kontraktion der Kammermuskulatur.
- ❑ b) öffnen sich die Taschenklappen.
- ❑ c) öffnen sich die Segelklappen.
- ❑ d) kommt es zum Druckabfall auf ca. Null Torr.

04-28. Während der Entspannungsphase (Diastole) [2]

- ❑ a) fällt der Druck auf ca. Null Torr ab.
- ❑ b) geht die Ventilebene in Richtung Herzspitze.
- ❑ c) entspannt sich die Kammermuskulatur.
- ❑ d) öffnen sich die Taschenklappen.

04-29 Während der Füllungsphase (Diastole) [2]

- ❑ a) öffnen sich die Taschenklappen.
- ❑ b) öffnen sich die Segelklappen.
- ❑ c) füllen sich die Vorhöfe mit Blut.
- ❑ d) kontrahieren sich die Vorhöfe.

04-30. Die Arterien [2]

- ❑ a) führen immer sauerstoffreiches Blut.
- ❑ b) sind Gefäße, die vom Herzen wegführen.
- ❑ c) haben als innerste Schicht eine Adventitia.
- ❑ d) haben in ihrer Mittelschicht glatte Muskelzellen und elastische Fasern.

04-31 Die Venen [2]

- ❑ a) führen immer sauerstoffarmes Blut.
- ❑ b) haben in ihrer innersten Schicht Endothel.
- ❑ c) führen zum Herzen hin.
- ❑ d) haben eine dickere Schicht als die Arterien.

04-32. Kennzeichnen Sie die richtigen Antworten! [2]

- ❑ a) Kapillargefäße bestehen nur aus einer Endothelschicht.
- ❑ b) Arteriolen sind Gefäße, die das Blut aus den Kapillaren sammeln.
- ❑ c) Arteriovenöse Anastomosen sind Gefäßverbindungen zur Umgehung der Kapillaren.
- ❑ d) Endarterien werden immer durch arteriovenöse Anastomosen verbunden.

04-33. Vervollständigen Sie die Grafik „Lungenkreislauf"! **[7]**

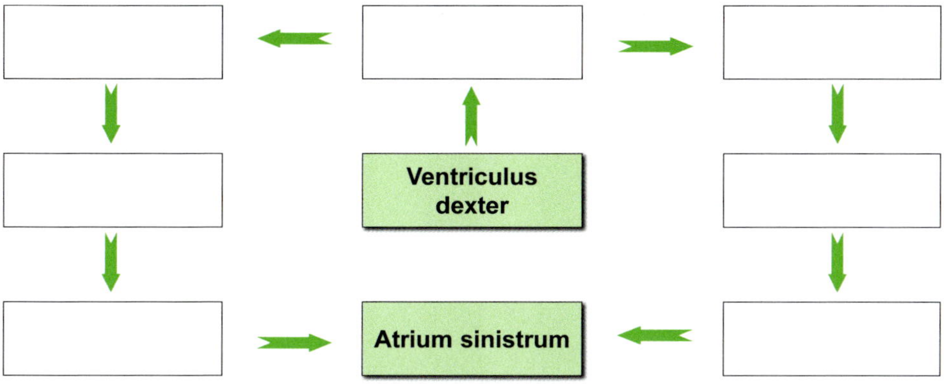

04-34. Vervollständigen Sie die Gliederung des „Aortenbogens" anhand der Grafik! **[8]**
(je einen halben Punkt)

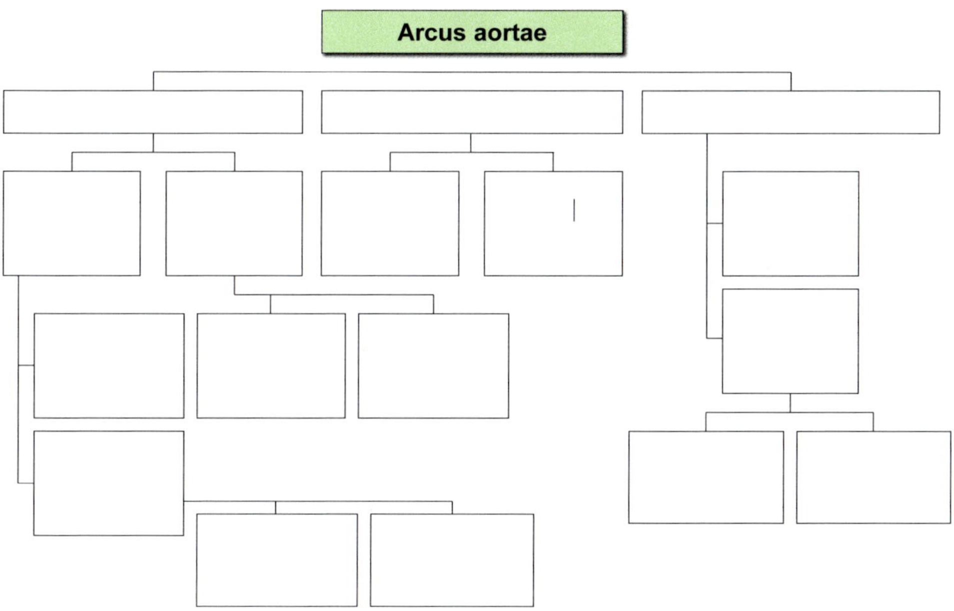

04-35. Vervollständigen Sie die Tabelle „Pars thoracica aortae descendentis"! **[5]**

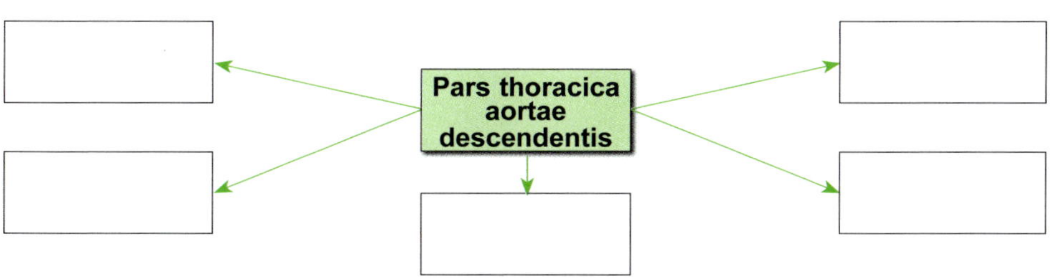

04-36. Beschriften Sie die folgende Abbildung in der nebenstehenden Tabelle! [16]

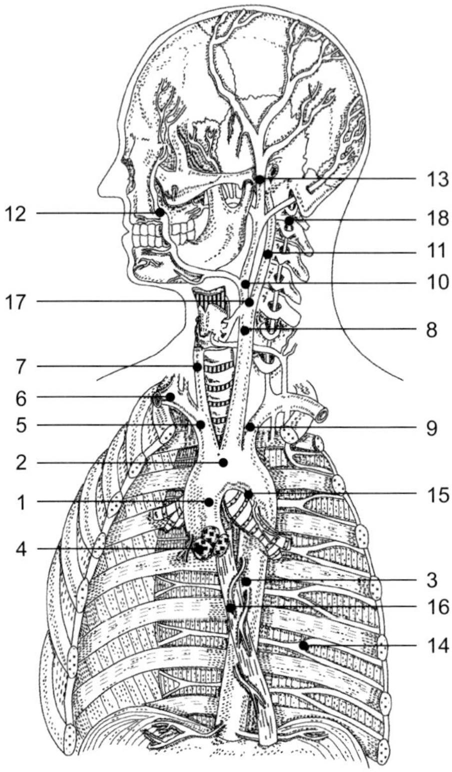

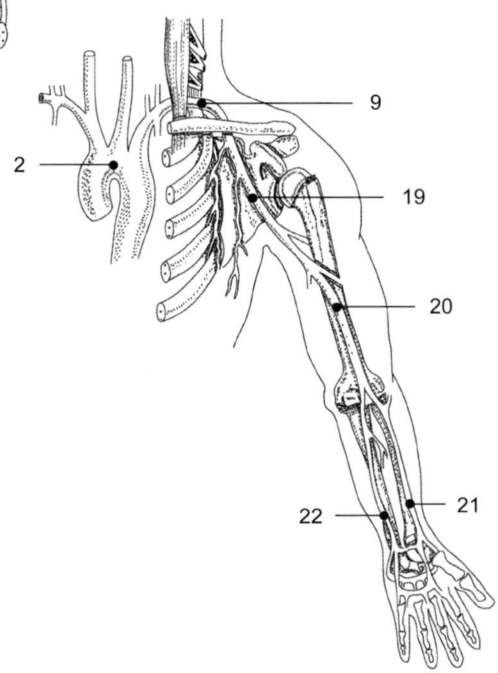

04-37. Beschriften Sie die Blutversorgung von Arm und Hand in der nebenstehenden Tabelle! [6]

Nr.	deutsche Bezeichnung	Fachbezeichnung
1		
2		
3		
4		
5		
6		
7		
8		
9		
10		
11		
12		
13		
14		
15		
16		
17		
18		

Nr.	deutsche Bezeichnung	Fachbezeichnung
2		
9		
19		
20		
21		
22		

04-38. Füllen Sie die Tabelle „Wichtige Arterien des Pars abdominalis aortae descendentis" aus! [7]

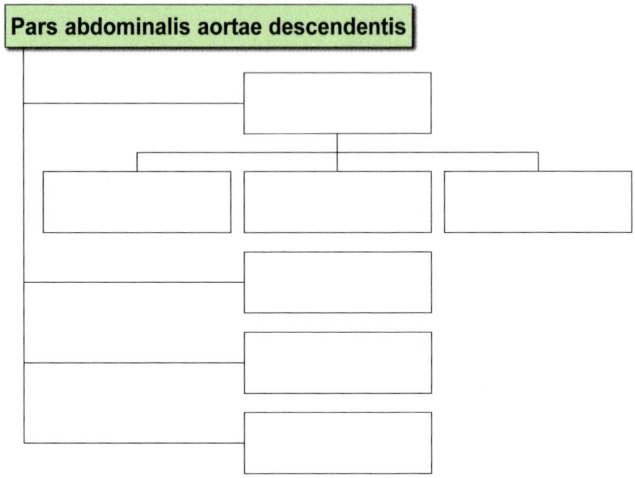

04-39. Ergänzen Sie die Grafik „Versorgung des Beckens“! (je einen halben Punkt) [4]

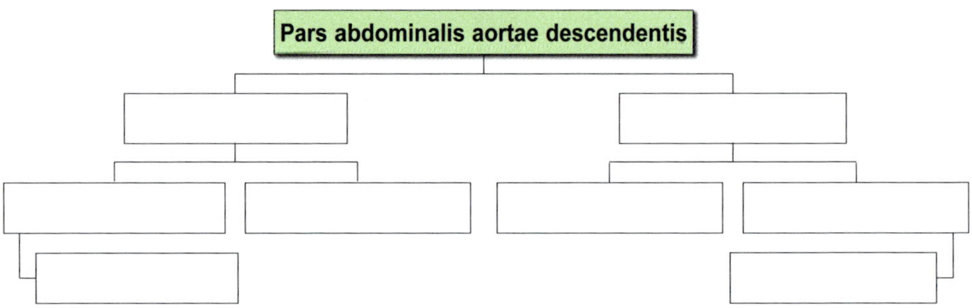

04-40. Vervollständigen Sie die Grafik „Arterien des Beines“! [5]

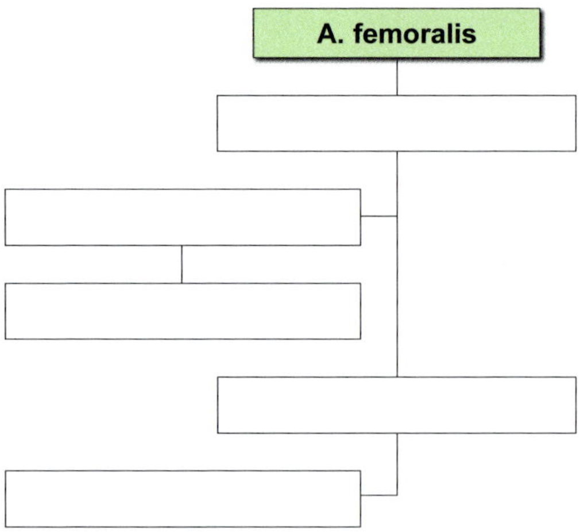

04-41. Beschriften Sie die folgende Abbildung in der Tabelle! [17]

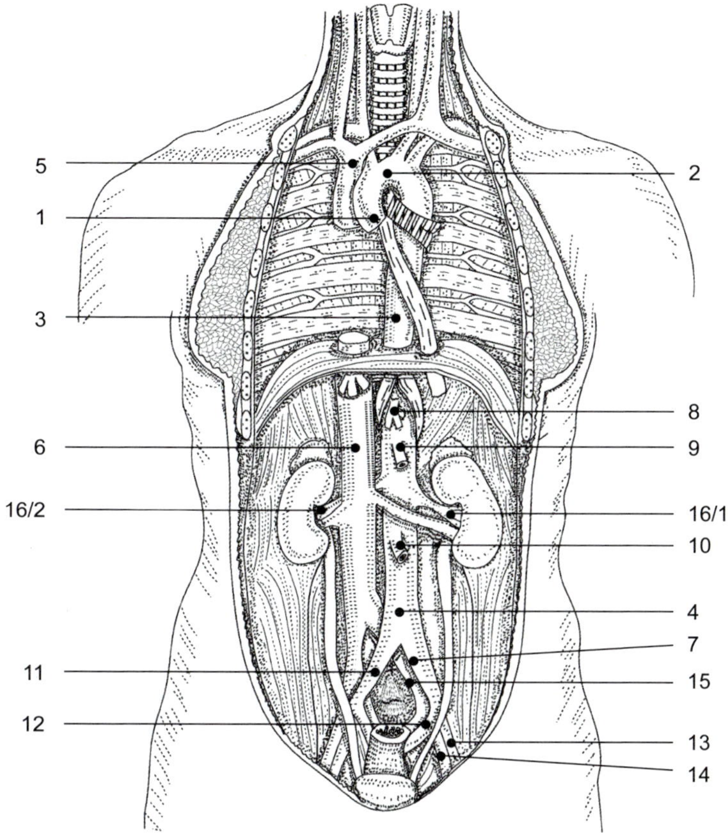

Nr.	deutsche Bezeichnung	Fachbezeichnung
1		
2		
3		
4		
5		
6		
7		
8		
9		
10		
11		
12		
13		

Nr.	deutsche Bezeichnung	Fachbezeichnung
14		
15		
16/1		
16/2		

04-42. Nennen Sie die tiefliegenden Venen des Armes und geben Sie deren Blutflußrichtung an! [4]

Oberarm	
Ellenbeuge	
Unterarm	

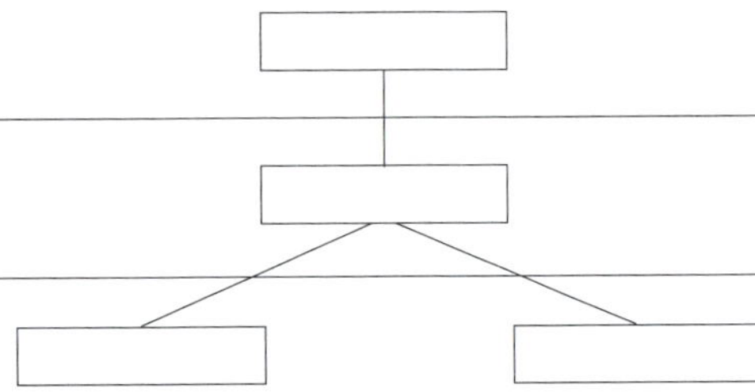

04-43. Nennen Sie die oberflächlich verlaufenden Venen des Armes, geben Sie deren Blutflußrichtung sowie deren Einmündung in die tiefliegenden Venen an! [5]

Achselhöhle	
Oberarm	
Ellenbeuge	
Unterarm	

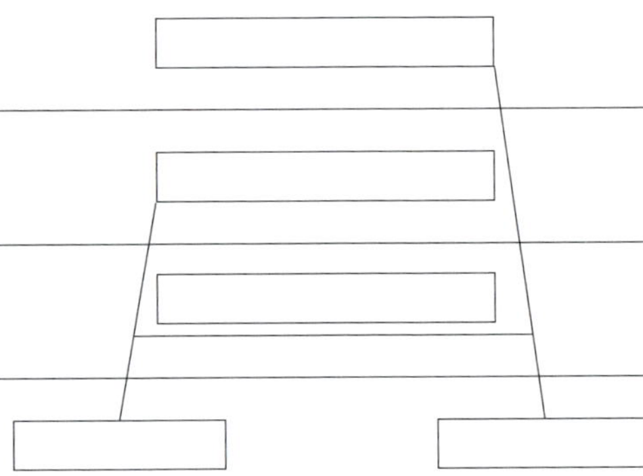

04-44. Skizzieren Sie schematisch die Gefäße, die zum Einzugsgebiet der V. cava superior gehören! (je einen halben Punkt) [4]

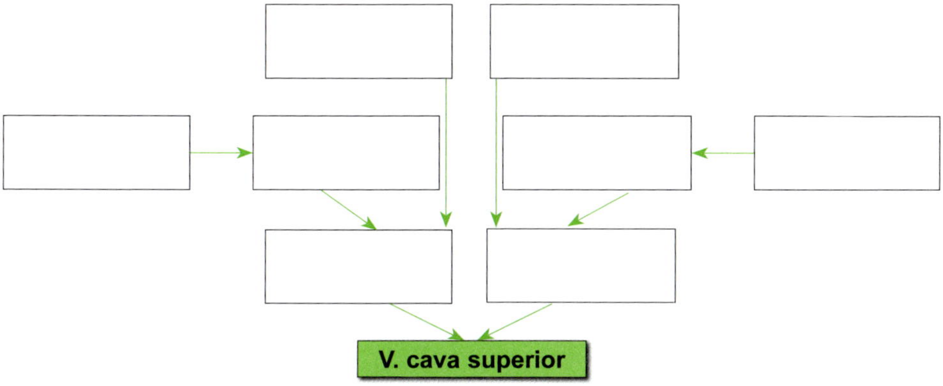

04-45. Skizzieren Sie schematisch die Gefäße, die zum Einzugsgebiet der V. cava inferior gehören! (je einen halben Punkt) [6]

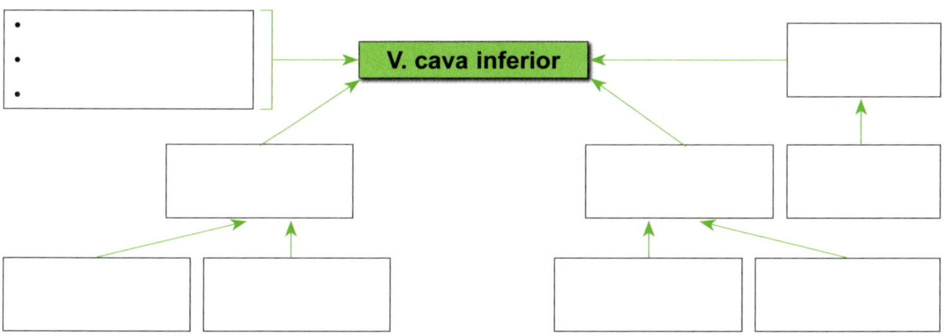

04-46. Ein Medikament soll in die V. basilica injiziert werden. Beschreiben Sie den Weg bis zur Niere. Vervollständigen Sie dazu die nachfolgende Tabelle! [18]

1	V. basilica	11	
2		12	
3		13	
4		14	
5		15	
6		16	
7		17	
8		18	
9		19	
10			

04-47. Nährstoffe werden vom Dünndarm resorbiert. Beschreiben Sie den Weg bis zum Myokard. Vervollständigen Sie die nachfolgende Tabelle! [15]

1		9	
2		10	
3		11	
4		12	
5		13	
6		14	
7		15	
8		16	Myokard

04-48. Beschreiben Sie den Weg des sauerstoffreichen Blutes von der Lunge bis zur Plazenta. Ergänzen Sie dazu die nachfolgende Tabelle! (Geburtshilfe) [11]

1		7	
2		8	
3		9	
4		10	
5		11	
6		12	Uterus / Plazenta

04-49. Nennen Sie Ursachen und Wirkungen, die zum plötzlichen Abbruch des Fetalkreislaufes zum Zeitpunkt der Geburt führen! (Geburtshilfe) [14]

Ursachen	Wirkungen
•	•
•	•
•	•
•	•
•	• •
•	• •=

04-50. Beschreiben Sie die Besonderheiten des Fetalkreislaufs in bezug auf den postnatalen Kreislauf! (Geburtshilfe) [30]

<table>
<tr><td>1. Plazenta</td><td colspan="3">•
•
•</td></tr>
<tr><td rowspan="2">2. Leber</td><td colspan="3">Leberpforte</td></tr>
<tr><td>geringer Teil
•
•
•</td><td colspan="2">großer Teil
•
•</td></tr>
<tr><td rowspan="3">3. Herz</td><td colspan="3">über V. cava inferior in das Atrium dextrum</td></tr>
<tr><td rowspan="2">•
•
•
•
•</td><td colspan="2">•
•</td></tr>
<tr><td>großer Teil
•
•</td><td>geringer Teil
•
•
•
•
•
•
•</td></tr>
<tr><td>4. Plazenta</td><td colspan="3">•
•
•
•</td></tr>
</table>

04-51. Beschriften Sie den Fetalkreislauf in der nebenstehenden Tabelle! (Geburtshilfe) [18]

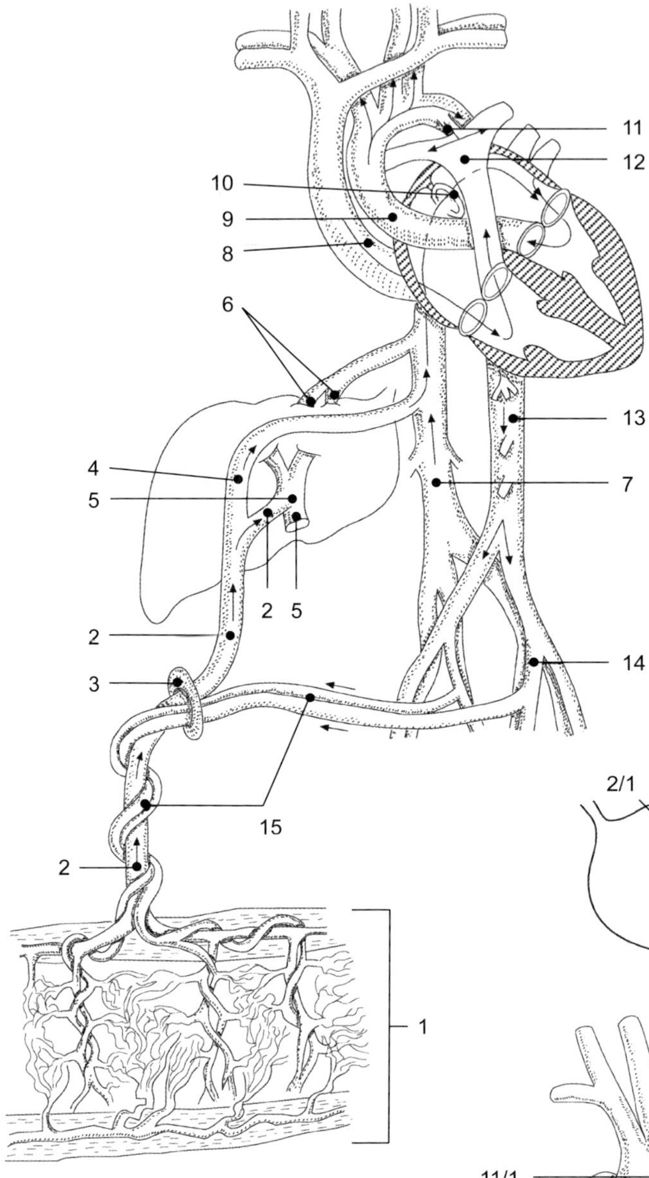

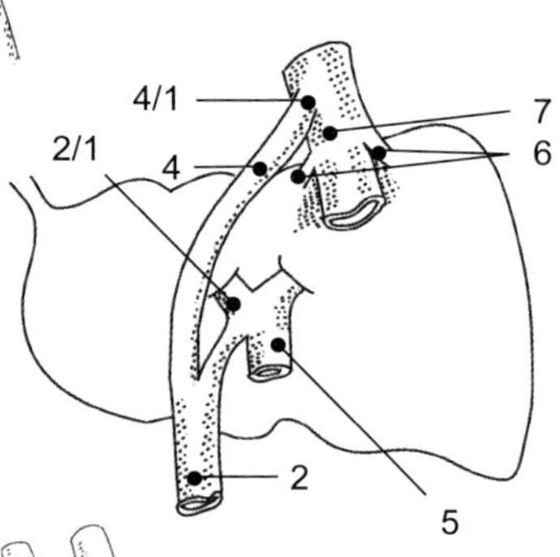

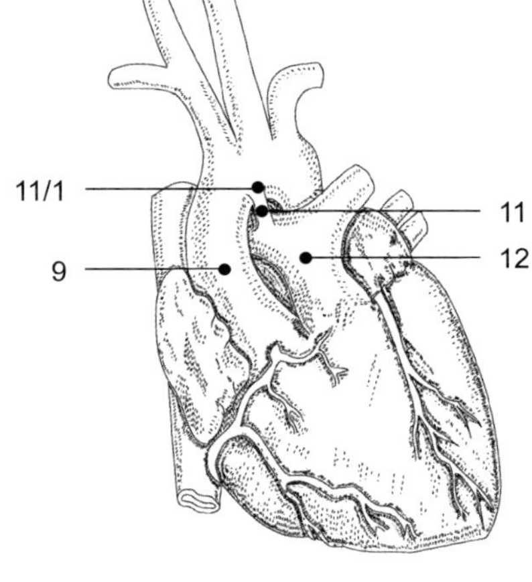

Nr.	deutsche Bezeichnung	Fachbezeichnung
1		
2		
2/1		
3		
4		
4/1		
5		
6		
7		
8		
9		
10		
11		
11/1		
12		
13		
14		
15		

04-52. Beschreiben Sie die Windkesselfunktion der Aorta und das Entstehen des peripheren Blutdrucks! [13]

04-53. Erläutern Sie kurzfristige Regulationsmechanismen, die bei einer Hypotonie und bei einer Hypertonie wirksam werden! [20]

04-54. Erläutern Sie mittelfristige Regulationsmechanismen, die bei einer Hypotonie und bei einer Hypertonie wirksam werden! [11]

04-55. Erläutern Sie langfristige Regulationsmechanismen, die bei einer Hypotonie und bei einer Hypertonie wirksam werden! [6]

04-56. Nennen und erläutern Sie die Mechanismen zur Förderung des venösen Rückstroms! [16]

04-57. Begründen Sie, warum ein Mensch, der bei hoher Umgebungstemperatur lange auf einer Stelle steht, eher zum Kollabieren neigt! [8]

04-58. Das Arteriensystem ist gekennzeichnet durch [2]

- ☐ a) abfallenden Druck bis zu den Arteriolen.
- ☐ b) Zunahme der Strömungsgeschwindigkeit bis zu den Arteriolen.
- ☐ c) Abnahme des Widerstandes bis zu den Arteriolen.
- ☐ d) Zunahme des Gesamtquerschnittes bis zu den Arteriolen.

04-59. Im Kapillargebiet ist [2]

- ☐ a) die Strömungsgeschwindigkeit klein.
- ☐ b) der Widerstand groß.
- ☐ c) die Querschnittsfläche klein.
- ☐ d) der Blutdruck hoch.

04-60. In den Venen ist [2]

- ☐ a) die Strömungsgeschwindigkeit klein.
- ☐ b) der Widerstand groß.
- ☐ c) die Querschnittsfläche groß.
- ☐ d) der Blutdruck niedrig.

04-61. Kennzeichnen Sie die richtigen Antworten! [2]

- ☐ a) Die Venen enthalten weniger Blut, als die Arterien.
- ☐ b) Die Venenklappen verhindern das zurückfließen des Blutes.
- ☐ c) Bei einer Orthostase kommt es zur Erhöhung der Blutströmungsgeschwindigkeit.
- ☐ d) Der Blutdruck in den Venen schwankt zwischen 4 und 20 Torr.

Blut
20 Fragen

05-01. Vervollständigen Sie die Grafik „Einteilung der Blutkörperchen“! [9]

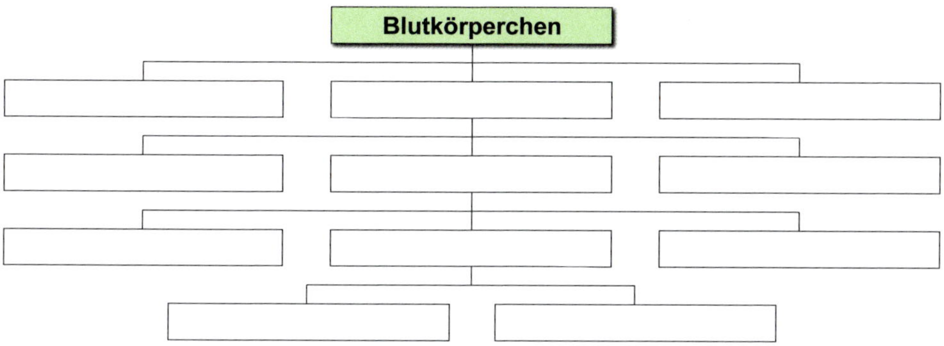

05-02. Beschreiben Sie die Erythrozyten nach folgenden Kriterien: [13]

1. Anzahl:
2. Funktion:
3. Form:
4. Durchmesser:
5. Bau:
6. Lebensdauer:
7. Bildung:
8. Abbau:

05-03. Nennen Sie die Anzahl und das Vorkommen der Leukozyten! [4]

1. Anzahl:
2. Vorkommen:

05-04. Vervollständigen Sie das Arbeitsblatt zur Thematik „Leukozyten“! [15]

Leukozyten	Anzahl	Bau	Funktion
1. Granulozyten		•	
1.1 eosinophile		•	•
1.2 basophile		•	•
1.3 neutrophile		•	•
1.3.1 stabkernige		•	
1.3.2 segmentkernige		•	
2. Monozyten		•	•
3. Lymphozyten		•	•
		•	•

05-05. Beschreiben Sie die Thrombozyten nach folgenden Kriterien: [5]

1. Anzahl:

2. Bau:

3. Funktion:

05-06. Vervollständigen Sie das Arbeitsblatt zur Thematik „Blutplasma"! [24]

Bestandteile	Zusammensetzung	
1. Wasser	• Anteil: %	
2. Plasmaproteine	• Gesamteiweiße: g/l	
	•	
	•	
	•	
	•	
3. Plasmaelektrolyte	• Na^{+} von bis mmol/l	
	• K^{+} von bis mmol/l	
	• Ca^{2+} von bis mmol/l	
	• Mg^{2+} mmol/l	
	• Cl^{-} von bis mmol/l	
4. Nährstoffe	• Glucose von bis mmol/l	
	•	
	•	
5. Stoffwechselendprodukte	•	•
	•	•
	•	•
	•	
6. Wirkstoffe	•	•
	•	

05-07. Beschreiben Sie den Vorgang der primären Hämostase! [6]

05-08. Beschreiben Sie den Vorgang der sekundären Hämostase und der Fibrinolyse! **[18]**

Phase		Ablauf	Erläuterung
sekundäre Hämostase	Vorphase		
	1. Phase		
	2. Phase		
	Nach-phase		
Fibrinolyse	Haupt-phase		
Die Gerinnungszeit beträgt:			

05-09. Skizzieren Sie das Blutgruppenschema „AB0-System"! **[8]**

	Blutgruppe A	Blutgruppe B	Blutgruppe AB	Blutgruppe 0
Antigen am Erythrozyt				
Antikörper im Blutplasma				

05-10. Die Erythrozyten **[2]**

- ☐ a) haben bei Männern eine Quantität von ca. 5,4 T/l.
- ☐ b) besitzen einen Zellkern.
- ☐ c) werden in der Milz und in den Lymphknoten gebildet.
- ☐ d) haben eine Lebensdauer von ca. 120 Tagen.

05-11. Die Leukozyten **[2]**

- ☐ a) haben im Blutplasma eine Quantität von 4 – 10 G/l.
- ☐ b) können auch in anderen Geweben vorkommen.
- ☐ c) haben keinen Zellkern.
- ☐ d) sind nicht teilungsfähig.

05-12. Die Granulozyten [2]

- ❑ a) enthalten im Zellplasma kleine Körnchen.
- ❑ b) lassen sich in Monozyten und in Lymphozyten unterteilen.
- ❑ c) bewirken den Beginn der Blutgerinnung.
- ❑ d) haben eine Abwehrfunktion.

05-13. Die Monozyten [2]

- ❑ a) sind die kleinsten Blutzellen.
- ❑ b) lassen sich in stabkernige und segmentkernige Monozyten unterteilen.
- ❑ c) sind zur Phagozytose befähigt.
- ❑ d) sind die größten Blutzellen.

05-14. Die Lymphozyten [2]

- ❑ a) können in B-Lymphozyten und in C-Lymphozyten unterteilt werden.
- ❑ b) sind für humorale und zelluläre Immunreaktionen verantwortlich.
- ❑ c) können Defekte in der Zellwand abdichten.
- ❑ d) werden im roten Knochenmark und in den Lymphknoten gebildet.

05-15. Die Thrombozyten [2]

- ❑ a) haben im Blutplasma eine Quantität von 50-80 G/l.
- ❑ b) haben einen Zellkern.
- ❑ c) enthalten für die Blutgerinnung notwendige Enzyme.
- ❑ d) können Defekte in der Gefäßwand abdichten.

05-16. Im Blutplasma sind folgende Bestandteile in den angegebenen Konzentrationen vorhanden: [2]

❑ a) Wasser	60%
❑ b) Na^+	3,5 – 5,0 mmol/l
❑ c) Cl^-	98 – 112 mmol/l
❑ d) Glucose	3,5 – 5,5 mmol/l

05-17. Kennzeichnen Sie die richtigen Antworten! [2]

- ❑ a) Bei der primären Hämostase lagern sich Thrombozyten an der defekte Gefäßstelle an.
- ❑ b) Die Thrombozyten geben während der primären Hämostase gefäßerweiternde Stoffe frei.
- ❑ c) Während der 1. Phase der sekundären Hämostase kommt es zur Umwandlung von Prothrombin in Thrombin.
- ❑ d) Während der 2. Phase der sekundären Hämostase kommt es zur Umwandlung von Fibrin in Fibrinogen.

05-18. Bei der unspezifischen Abwehr [2]

- ❑ a) bewirken die Pyrogene die Entstehung von Fieber.
- ❑ b) bewirken die Kinine die Abnahme der Wanddurchlässigkeit für phagozytierende Zellen.
- ❑ c) bewirken die Interferone die Beschleunigung der Eiweißsynthese innerhalb des Virus.
- ❑ d) werden die neutrophilen Granulozyten und die Monozyten zum Vorgang der Phagozytose aktiviert.

05-19. Bei der spezifischen Abwehr **[2]**

- ❑ a) werden die B-Lymphozyten aktiviert.
- ❑ b) entstehen Plasmazellen und Gedächtniszellen.
- ❑ c) werden von den T-Lymphozyten Antikörper gebildet.
- ❑ d) werden die Antikörper von den Antigenen vernichtet.

05-20. Beschreiben Sie die Immunmechanismen des Blutes! **[16]**

Atmungssystem
44 Fragen

06-01. Beschreiben Sie den makroskopischen Bau der Nase! [14]

06-02. Beschreiben Sie den Aufbau der Nasenschleimhaut und erläutern Sie die Funktionen, die sich aus dem Bau ergeben! [10]

Abschnitte der Nasenhöhle	Bau	Funktion

06-03. Nennen Sie die Nasennebenhöhlen und geben Sie vereinfacht deren Lage an! [8]

06-04. Nennen Sie die Abschnitte des Rachens und ordnen Sie die Öffnungen den Abschnitten jeweils zu! [8]

Abschnitte	Öffnungen

06-05. Beschriften Sie folgende Abbildung in der Tabelle! [17]

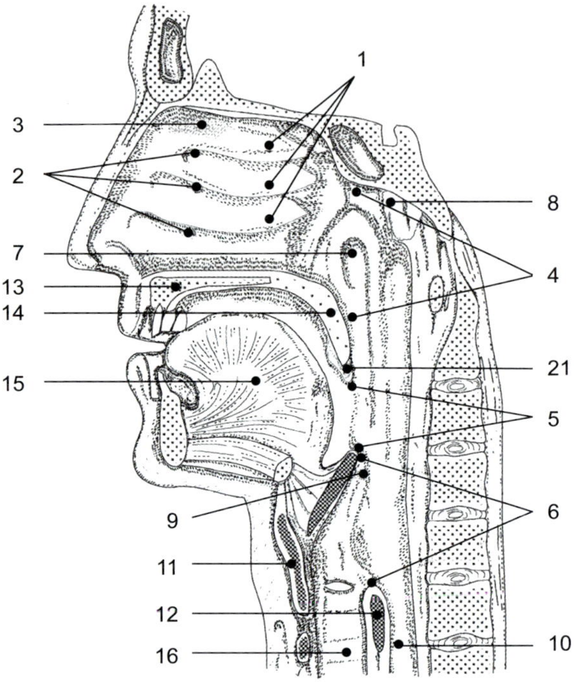

Nr.	deutsche Bezeichnung	Fachbezeichnung
1		
2		
3		
4		
5		
6		
7		
8		
9		
10		
11		
12		
13		
14		
15		
16		
21		

06-06. Beschreiben Sie die Lage bzw. den Verlauf der Trachea! [5]

06-07. Beschreiben Sie den Bau der Luftröhre! [5]

06-08. Beschreiben Sie die Lage der Lungen! [5]

06-09. Vervollständigen Sie die Grafik „Gliederung der Lunge“! [12]

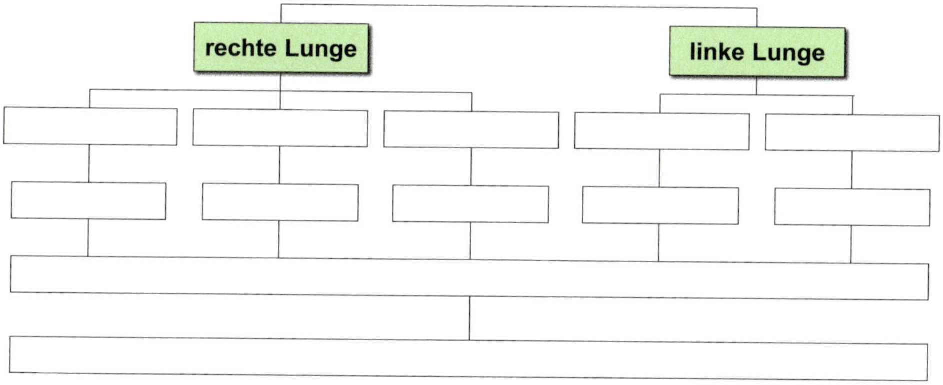

06-10. Vervollständigen Sie die Grafik „Gliederung der Bronchien“! [15]

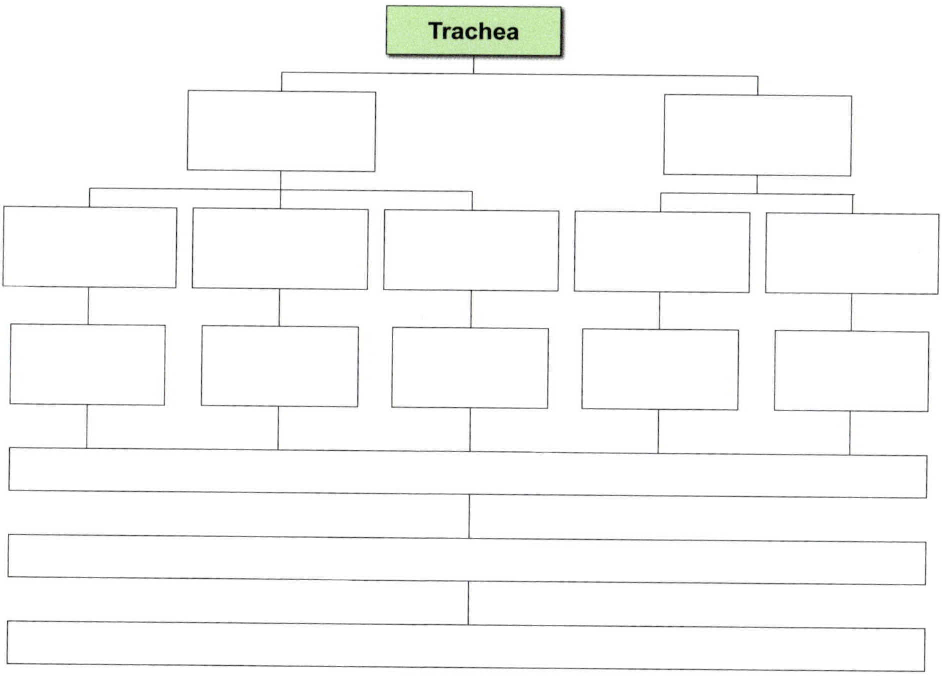

06-11. Beschriften Sie die Abbildung „Lungen und Bronchialbaum" in der Tabelle! **[16]**

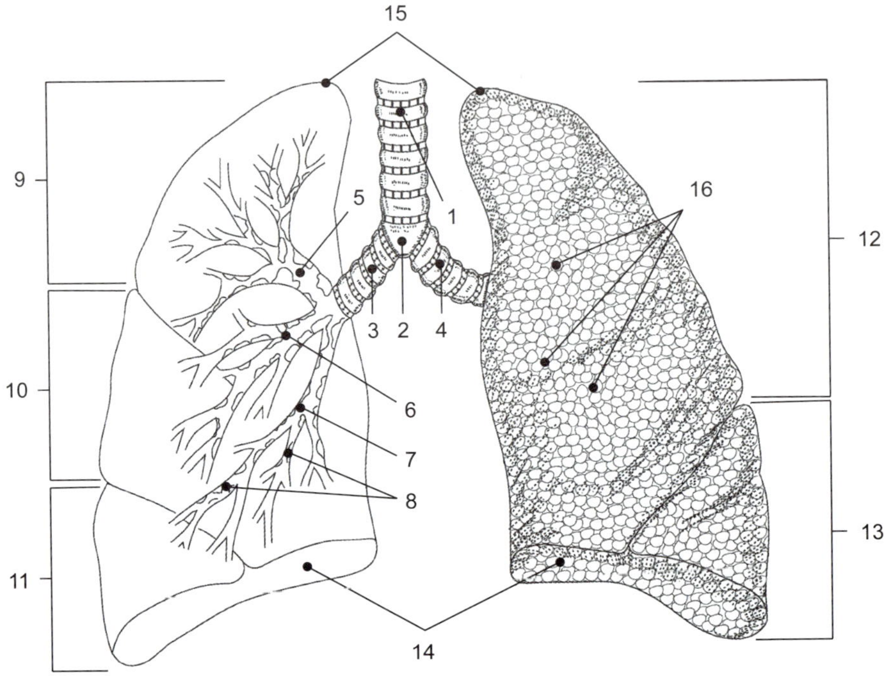

Nr.	deutsche Bezeichnung	Fachbezeichnung
1		
2		
3		
4		
5		
6		
7		
8		
9		
10		
11		
12		
13		
14		
15		
16		

06-12. Beschreiben Sie den Aufbau einer Alveole! [7]

06-13. Beschriften Sie die Abbildung „Mikrokopischer Bau der Lunge" in der Tabelle! [6]

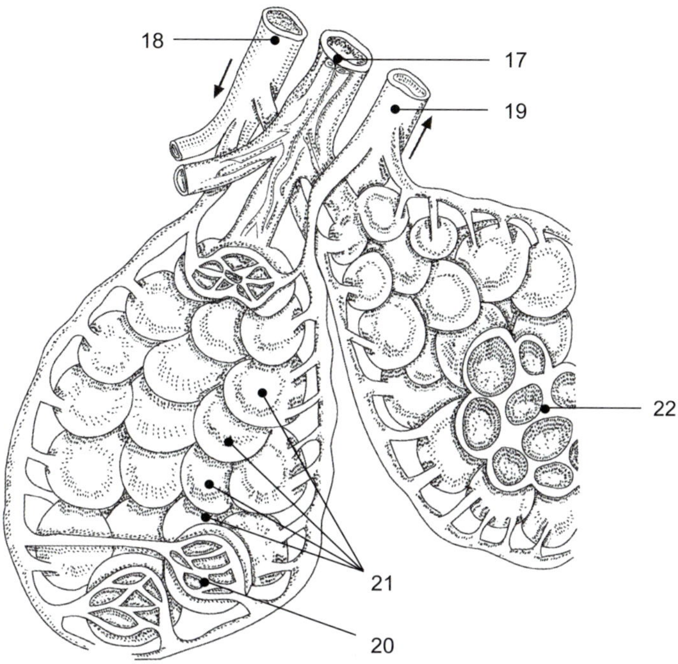

Nr.	deutsche Bezeichnung	Fachbezeichnung
17		
18		
19		
20		
21		
22		

06-14. Beschriften Sie die folgende Abbildung in der Tabelle! [5]

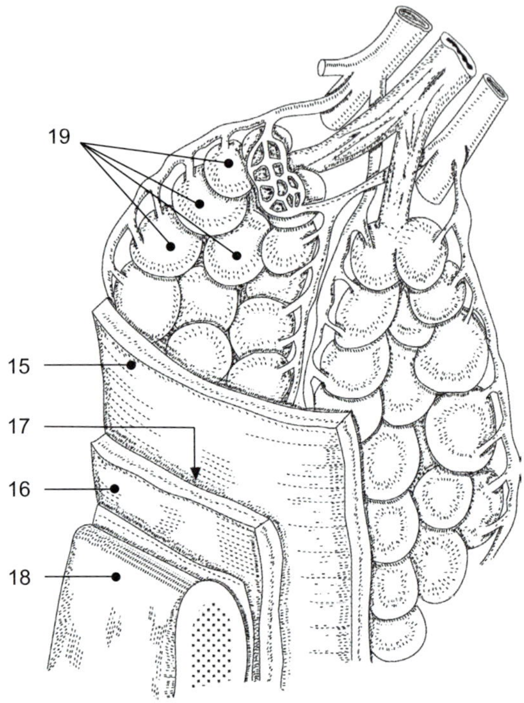

Nr.	deutsche Bezeichnung	Fachbezeichnung
15		
16		
17		
18		
19		

06-15. Die Nase [2]

- ❑ a) wird durch das Septum nasi in zwei Nasenhöhlen unterteilt.
- ❑ b) hat an ihrem hinteren Ende den Nasenvorhof, das Vestibulum nasi.
- ❑ c) enthält an ihrem medialen Ende die Conchae nasales.
- ❑ d) besitzt an ihrem oberen Teil der Nasenhöhle die Regio olfactoria.

06-16. In der Nase [2]

- ❑ a) befindet sich im Vestibulum nasi mehrschichtig zylindrisches Epithel.
- ❑ b) befindet sich in der Haupthöhle mehrreihiges Flimmerepithel.
- ❑ c) transportieren die Flimmerhärchen Staubpartikel zu den Nasenlöchern.
- ❑ d) übernehmen die Becherzellen und die Glandulae nasales die Aufgabe, die Atemluft anzufeuchten.

06-17. Die Nasennebenhöhlen **[2]**

- ❑ a) sind Höhlen, die zwischen den mimischen Muskeln liegen.
- ❑ b) sind luftgefüllte Räume.
- ❑ c) haben eine Verbindung zur Nasenhöhle.
- ❑ d) sind gut durchblutete, mit seröser Flüssigkeit gefüllte Räume.

06-18. Der Sinus maxillaris **[2]**

- ❑ a) ist die größte Nasennebenhöhle.
- ❑ b) liegt oberhalb der Nasenhöhle.
- ❑ c) liegt seitlich der Nasenhöhle.
- ❑ d) hat eine direkte Verbindung zur Schädelhöhle.

06-19. Im Epipharynx **[2]**

- ❑ a) ist eine Öffnung zur Mundhöhle.
- ❑ b) ist eine Öffnung zur Speiseröhre.
- ❑ c) sind zwei Öffnungen zur Ohrtrompete.
- ❑ d) sind zwei Öffnungen zur Nasenhöhle.

06-20. Die Trachea **[2]**

- ❑ a) beginnt unterhalb des Mesopharynx.
- ❑ b) verläuft hinter der Speiseröhre in kaudaler Richtung.
- ❑ c) endet in Höhe des Aortenbogens.
- ❑ d) endet an der Bifurcatio tracheae.

06-21. Die Trachea **[2]**

- ❑ a) besteht aus hufeisenförmigen Knorpelspangen, die vorn membranös-muskulös verschlossen sind.
- ❑ b) ist beim Erwachsenen ca. 25cm lang.
- ❑ c) besteht aus Knorpelspangen, um das Lumen ständig offenzuhalten.
- ❑ d) zweigt sich an der Bifurcatio tracheae in die beiden Stammbronchien auf.

06-22. Die Lungen **[2]**

- ❑ a) werden von der Pleura pulmonalis direkt überzogen.
- ❑ b) haben je eine Basis pulmonis, die dem Diaphragma aufliegt.
- ❑ c) haben jeweils eine Apex pulmonis, die in Höhe des 3. Intercostalraumes liegen.
- ❑ d) haben jeweils ein Hilum pulmonis, welches in laterale Richtung zeigt.

06-23. An der rechten Lunge **[2]**

- ❑ a) kann ein Lobus anterior und ein Lobus posterior unterschieden werden.
- ❑ b) sind im Lobus medius 3 Segmente enthalten.
- ❑ c) sind viele Lobuli erkennbar.
- ❑ d) sind im Lobus medius 2 Segmente enthalten.

06-24. Kennzeichnen Sie die richtigen Antworten! **[2]**

- ❑ a) Vom Bronchus principalis sinister gehen der Bronchus lobaris superior, der Bronchus lobaris medius und der Bronchus lobaris inferior ab.
- ❑ b) Vom Bronchus lobaris inferior dexter gehen 5 Bronchi segmentales ab.
- ❑ c) Die Bronchioli terminales gehen direkt aus den Bronchi lobares ab.
- ❑ d) In jeder Lunge sind sehr viele Bronchioli enthalten.

06-25. Vervollständigen Sie das folgende Arbeitsblatt zur Thematik „Atemvolumina“! **[11]**

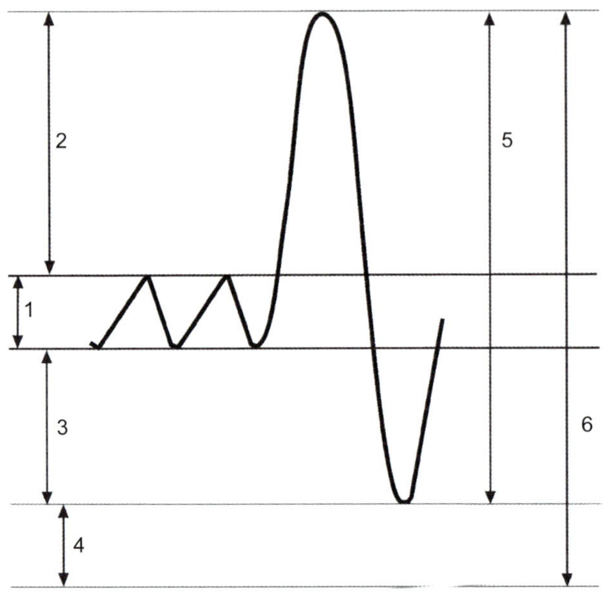

Nr.	Begriff	Erklärung	Größe in Liter
1			
2	Inspiratorisches Reservevolumen		2,0
3		• Volumen, das nach normaler Exspiration noch zusätzlich ausgeatmet werden kann	1,5
4	Residualvolumen		
5			
6	Totalkapazität		5,5

06-26. Nennen Sie Faktoren, die die Vitalkapazität beeinflussen! **[6]**

06-27. Beschreiben Sie den Vorgang der thorakalen Atmung! **[12]**

06-28. Beschreiben Sie den Vorgang der abdominalen Atmung! [12]

06-29. Beschreiben Sie den Gasaustausch in der Lunge! [14]

06-30. Erläutern Sie, wie der Sauerstoff im Blut transportiert wird! [4]

06-31. Erläutern Sie, wie das Kohlendioxid im Blut transportiert wird! [9]

06-32. Nennen Sie Faktoren, die einen Einfluß auf das Bindungsverhalten von Sauerstoff haben und erläutern Sie die sich daraus ergebenden physiologischen Vorgänge! [16]

Faktoren	physiologische Vorgänge

06-33. Beschreiben Sie die Atmungsregulation! [15]

06-34. Erläutern Sie, weshalb eine reine Sauerstoffbeatmung über einen längeren Zeitraum zu einer O_2-Vergiftung führt! [6]

06-35. Atemzugvolumen [2]

- ❑ a) ist das Volumen, das nach maximaler Inspiration in der Lunge enthalten ist.
- ❑ b) ist das Volumen, das nach normaler Exspiration noch zusätzlich ausgeatmet werden kann.
- ❑ c) ist das normale In- bzw. Exspirationsvolumen.
- ❑ d) beträgt im Ruhezustand ca. 500ml.

06-36. Residualvolumen [2]

- ❑ a) ist das Volumen, das nach maximaler Inspiration maximal ausgeatmet werden kann.
- ❑ b) beträgt ca. 5 Liter.
- ❑ c) ist das Volumen, das nach maximaler Exspiration noch in der Lunge zurückbleibt.
- ❑ d) beträgt ca. 1,5 Liter.

06-37. Vitalkapazität [2]

- ❑ a) ist die Luftmenge, die nach maximaler Inspiration in der Lunge enthalten ist.
- ❑ b) ist die Luftmenge, die nach maximaler Inspiration maximal ausgeatmet werden kann.
- ❑ c) ist bei Kindern durchschnittlich nicht höher als bei Erwachsenen.
- ❑ d) beträgt ca. 1 – 2 Liter.

06-38. Thorakale Inspiration [2]

- ❑ a) erfolgt durch Kontraktion der Mm. scaleni.
- ❑ b) hat eine Anhebung der Rippen zur Folge
- ❑ c) führt zu einem Überdruck in den Lungenbläschen.
- ❑ d) führt zu einem Hereinpressen von Luft.

06-39. Thorakale Exspiration [2]

- ❑ a) führt zum Heben des Thorax.
- ❑ b) kann aktiv durch Kontraktion der Mm. intercostales externi erfolgen.
- ❑ c) kann passiv durch die Schwerkraft erfolgen.
- ❑ d) kann durch Unterstützung des M. latissimus dorsi erfolgen.

06-40. Kennzeichnen Sie die richtigen Antworten! [2]

- ❑ a) Bei der abdominalen Inspiration kommt es zur Kontraktion des Diaphragma, wobei es
- ❑ b) Die abdominale Exspiration kann aktiv durch Kontraktion der Bauchmuskulatur erfolgen.
- ❑ c) Der Unterdruck in den Lungenbläschen führt zum Herauspressen von Luft.
- ❑ d) Bedingt durch elastische Rückstellkräfte kann die abdominale Exspiration eingeleitet werden.

06-41. Voraussetzungen für einen optimalen Gasaustausch sind: [2]

- ❑ a) große Austauschfläche.
- ❑ b) großer Diffusionsweg.
- ❑ c) gute Durchblutung der Lunge.
- ❑ d) kein Partialdruckunterschied der Atemgase.

06-42. Der Partialdruck [2]

- ❑ a) von O_2 in den Arterien beträgt ca. 5,3 kPa.
- ❑ b) von O_2 in der Alveole beträgt ca. 13.3 kPa.
- ❑ c) von CO_2 in den Venen beträgt ca. 5,33 kPa.
- ❑ d) von CO_2 in der A. pulmonalis beträgt ca. 6,13 kPa.

06-43. Der Sauerstoff [2]

- ☐ a) wird an der Gas/Flüssigkeitsgrenze in der Alveole physikalisch gelöst.
- ☐ b) reagiert im Blut mit dem Myoglobin.
- ☐ c) wird in Form des HbO_2 chemisch gebunden.
- ☐ d) kann maximal mit 0,02 Liter in 100ml Blut vorkommen.

06-44. Kennzeichnen Sie die richtigen Antworten! [2]

- ☐ b) Bei einer Hypothermie ist die Bindung des O_2 an das Hämoglobin vermindert.
- ☐ c) Eine Azidose führt zur verbesserten Abgabe des O_2 an das Gewebe.
- ☐ d) Eine Alkalose entsteht beim Herzstillstand.

Verdauungssystem
48 Fragen

07-01. Nennen Sie die Abschnitte des Verdauungstraktes in kranio – kaudaler Reihenfolge! [12]

[14]

07-02. Nennen Sie die Abschnitte der Mundhöhle und benennen Sie die begrenzenden Wände!

1.	•	•
	•	•
2.	•	•
	•	•
	•	•
3.	•	•
	•	•
4.	•	•
	•	

[7]

07-03. Ergänzen Sie die Tabelle zur Thematik „Mundspeicheldrüsen“!

Drüse	Lage	Sekret
1. Glandula parotis	• •	•
2.	• unterhalb der Mundbodenmuskulatur, im Trigonum submandibulare	•
3.	•	• überwiegend mukös

[12]

07-04. Beschreiben Sie den Aufbau der Zunge!

07-05. Beschreiben Sie den Verlauf der Speiseröhre! [8]

1.	•
2.	• • •
3.	• •

07-06. Beschreiben Sie den Schichtaufbau der Speiseröhre! [15]

07-07. Ergänzen Sie die Tabelle zum „Bau der Speiseröhre"! [8]

Abschnitte	Länge	Enge mit Lagebeschreibung	
1.	ca. 8 cm	obere Enge	• •
2.			• Speiseröhre wird in Höhe des Aortenbogens von der pulsierenden Aorta eingedellt
3. Pars abdominalis		Zwerchfellenge	•

07-08. Beschriften Sie folgende Abbildung in der Tabelle! [10]

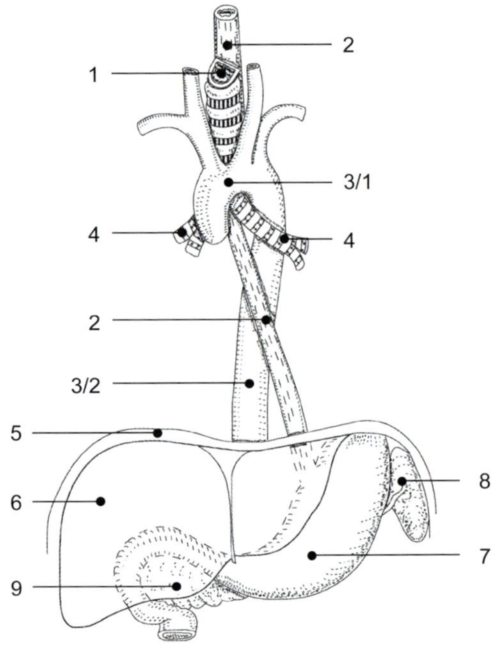

Nr.	deutsche Bezeichnung	Fachbezeichnung
1		
2		
3/1		
3/2		
4		
5		
6		
7		
8		
9		

07-09. Beschriften Sie die Abbildung „Wandaufbau des Oesophagus“ in der Tabelle!

[9]

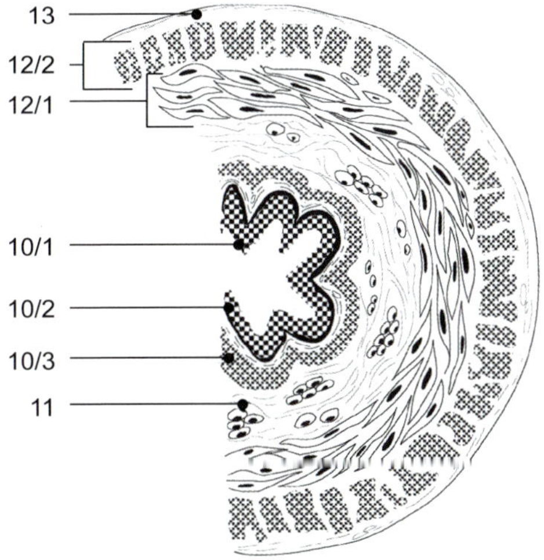

Nr.	deutsche Bezeichnung	Fachbezeichnung
10		
10/1		
10/2		
10/3		
11		
12		
12/1		
12/2		
13		

07-10. Beschreiben Sie die Lage des Magens! [7]

07-11. Beschriften Sie die Abbildung „Magen“ in der folgenden Tabelle! [10]

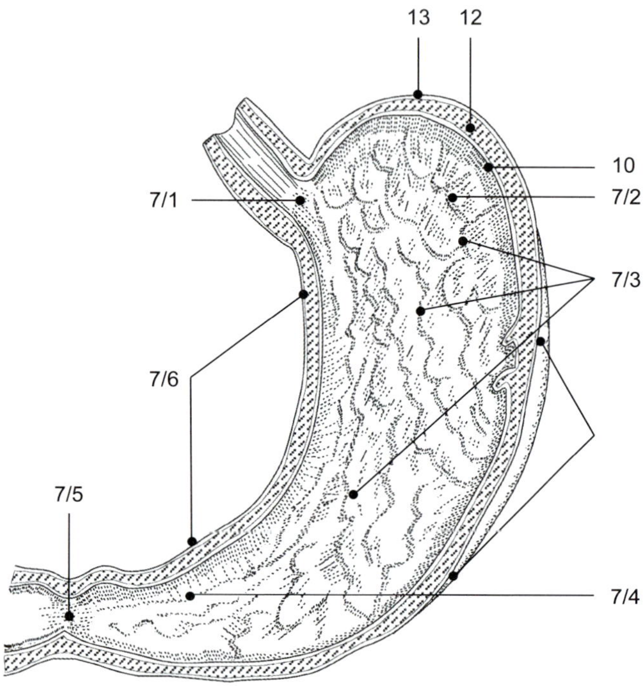

Nr.	deutsche Bezeichnung	Fachbezeichnung
7/1		
7/2		
7/3		
7/4		
7/5		
7/6		
7/7		
10		
12		
13		

07-12. Beschreiben Sie den makroskopischen Bau des Magens! [9]

07-13. Beschreiben Sie den Schichtaufbau des Magens! [21]

07-14. Vervollständigen Sie die Tabelle zur Thematik „Abschnitte, Lage und Bau des Zwölffingerdarms“! [10]

Abschnitte	Lage	Bau
1.	• • zieht in dorsale Richtung • Anfangsteil intraperitoneal	• Anfangsteil erweitert • wird deshalb als Bulbus duodeni bezeichnet
2. Pars descendens	• zieht in kaudaler Richtung • liegt rechts von der Wirbelsäule • liegt vor dem mittleren Rand der rechten Niere •	• 1. 2.
3.	• zieht über die Wirbelsäule hinweg nach links •	• keine Besonderheiten
4. Pars ascendens	• •	• keine Besonderheiten

07-15. Beschreiben Sie den Schichtaufbau des Dünndarms! [12]

07

07-16. Beschriften Sie folgende Abbildungen in der Tabelle! **[12]**

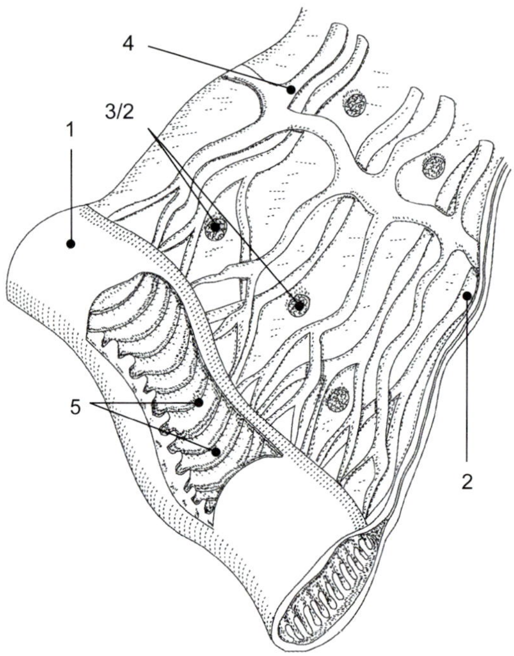

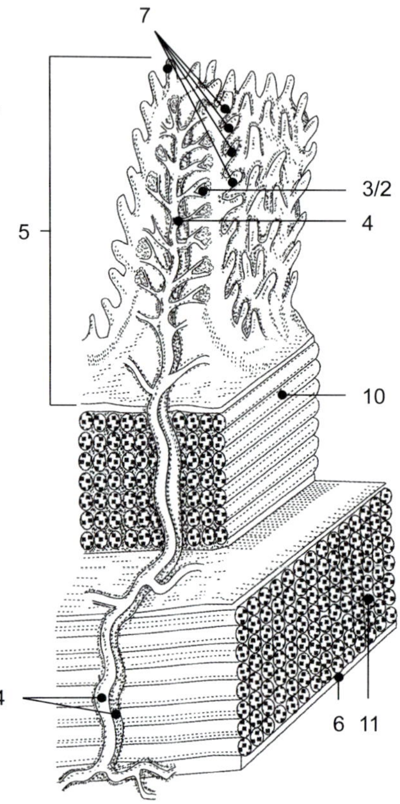

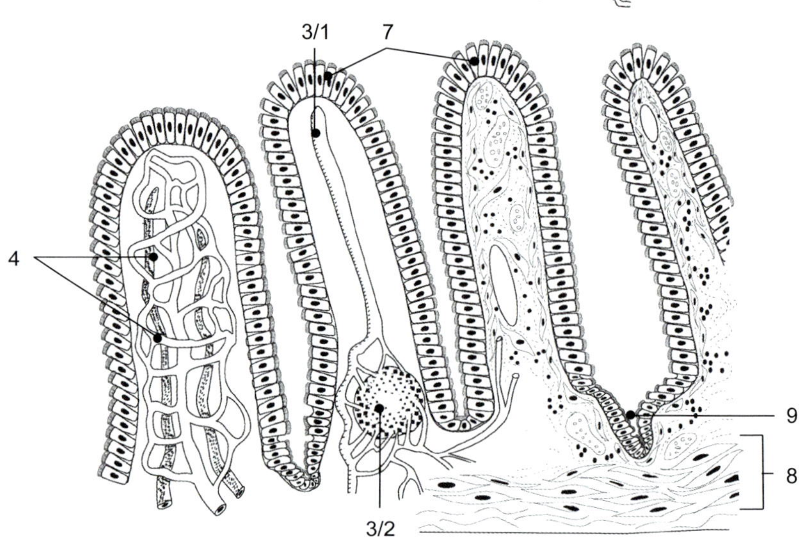

Nr.	deutsche Bezeichnung	Fachbezeichnung
1		
2		
3/1		
3/2		
4		
5		
6		
7		
8		
9		
10		
11		

07-17. Beschreiben Sie die regelrechte Lage des Blinddarms und gehen Sie dabei auf die Lage des Wurmfortsatzes ein! [8]

07-18. Beschreiben Sie den Verlauf des Kolons! [18]

1.	
2.	
3.	
4.	

07-19. Beschriften Sie die folgende Abbildung in der Tabelle! [13]

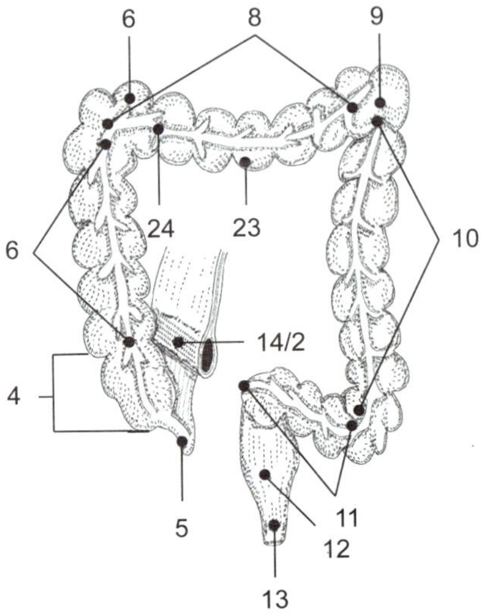

Nr.	deutsche Bezeichnung	Fachbezeichnung
4		
5		
6		
7		
8		
9		
10		
11		
12		
13		
14/2		
23		
24		

07-20. Beschreiben Sie die Besonderheiten im Schichtaufbau des Dickdarms! [8]

07-21. Beschreiben Sie die Lage des Mastdarms! [6]

07-22. Erläutern Sie den Aufbau des Mastdarms! [6]

07-23. Beschreiben Sie die Lage der Leber! [6]

07-24. Beschriften Sie die Abbildungen der Leber in der Tabelle! **[14]**

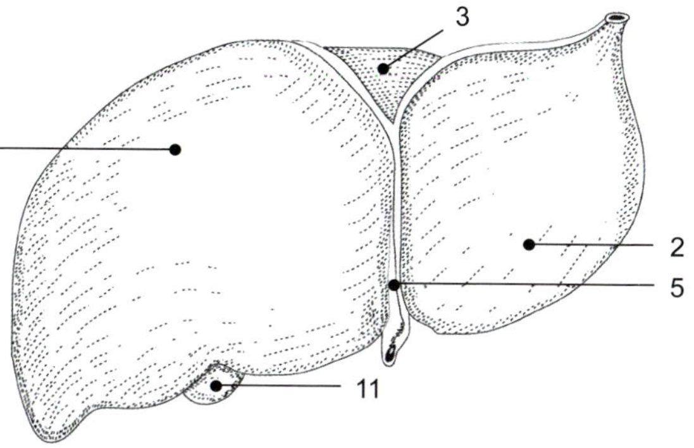

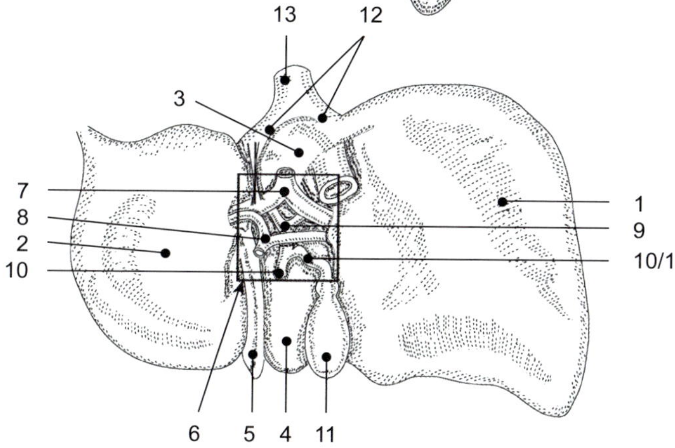

Nr.	deutsche Bezeichnung	Fachbezeichnung
1		
2		
3		
4		
5		
6		
7		
8		
9		
10		
10/1		
11		
12		
13		

07-25. Beschriften Sie folgende Abbildungen in der Tabelle! [9]

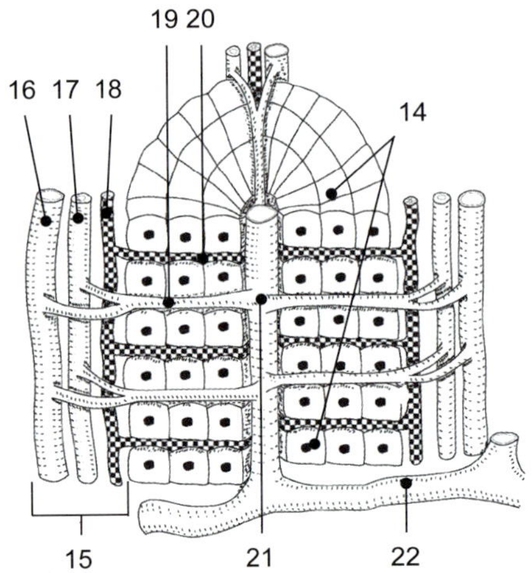

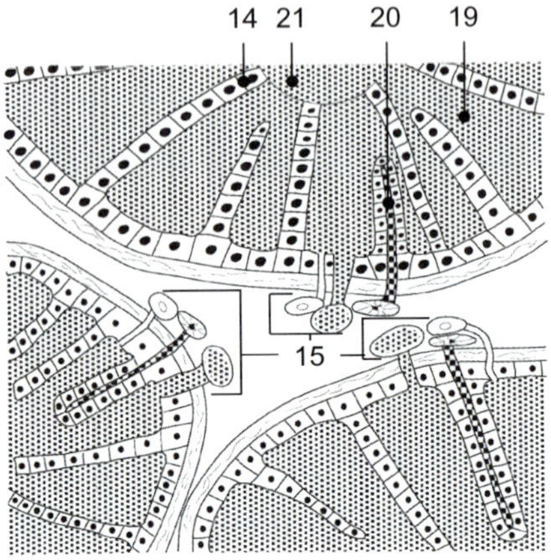

Nr.	deutsche Bezeichnung	Fachbezeichnung
14		
15		
16		
17		
18		
19		
20		
21		
22		

07-26. Beschreiben Sie den makroskopischen Bau der Bauchspeicheldrüse! [5]

07-27. Beschriften Sie die folgende Abbildung in der Tabelle! **[8]**

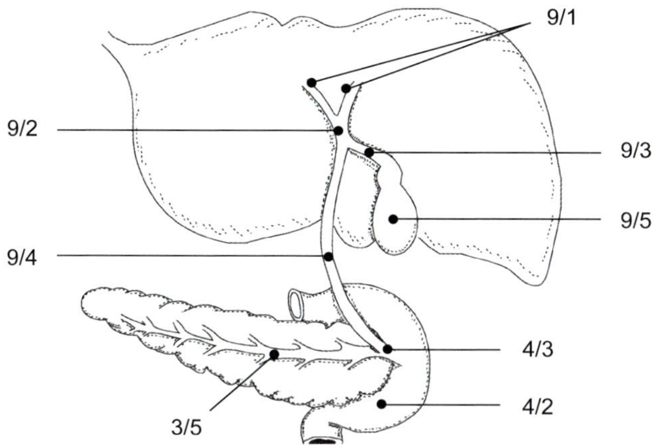

Nr.	deutsche Bezeichnung	Fachbezeichnung
3/5		
4/2		
4/3		
9/1		
9/2		
9/3		
9/4		
9/5		

07

07-28. Beschreiben Sie den mikroskopischen Bau der Bauchspeicheldrüse! **[12]**

07-29. Beschreiben Sie die Lage der Bauchspeicheldrüse! **[6]**

07-30. Kennzeichnen Sie die richtigen Antworten! **[2]**

- ❑ a) Vestibulum oris wird vorn durch die Zähne begrenzt.
- ❑ b) Cavitas oris propria wird unten vom Palatum durum et molle begrenzt.
- ❑ c) Regio sublingualis wird unten von der Muskulatur des Mundbodens begrenzt.
- ❑ d) Isthmus faucium führt in den Pharynx.

07-31. Kennzeichnen Sie die richtigen Antworten! **[2]**

- ❑ a) Die Glandula parotis liegt vor dem Ohr und produziert ein rein muköses Sekret.
- ❑ b) Die Glandula submandibularis liegt unterhalb der Mundbodenmuskulatur.
- ❑ c) Die Glandula sublingualis bildet überwiegend seröses Sekret.
- ❑ d) Die Glandula sublingualis liegt zwischen der Regio sublingualis und der Mundbodenmuskulatur.

07-32. Pars cervicalis der Speiseröhre [2]

- ❑ a) ist ca. 8 cm lang.
- ❑ b) verläuft im Hals vor der Luftröhre in kaudaler Richtung.
- ❑ c) hat in Höhe des Zwerchfellschlitzes eine Enge.
- ❑ d) verläuft im Hals vor der Halswirbelsäule in kaudaler Richtung.

07-33. Pars thoracica der Speiseröhre [2]

- ❑ a) ist ca. 16 cm lang.
- ❑ b) kreuzt den Aortenbogen.
- ❑ c) zieht an der Vorderwand des linken Ventrikels entlang.
- ❑ d) hat in Höhe des Oesophagusmundes eine Enge.

07-34. Kennzeichnen Sie die richtigen Antworten! [2]

- ❑ a) Tunica mucosa der Speiseröhre wird überwiegend von einschichtigem Plattenepithel gebildet.
- ❑ b) Tela submucosa besteht aus Bindegewebe mit Blut- und Lymphgefäßen.
- ❑ c) Tunica muscularis der Speiseröhre enthält keine Skelettmuskulatur.
- ❑ d) Tela submucosa enthält keine mukösen Drüsen.

07-35. Der Magen [2]

- ❑ a) liegt unterhalb der linken Zwerchfellkuppel.
- ❑ b) liegt mit seiner oberen Begrenzung in Höhe des 3. Lendenwirbels.
- ❑ c) liegt zu 3/4 links im Abdomen.
- ❑ d) liegt retroperitoneal.

07-36. Der Magen [2]

- ❑ a) besteht aus einem unten gelegenen Fundus gastricus.
- ❑ b) besteht aus einem in der Mitte gelegenen Corpus gastricum.
- ❑ c) wird rechts von Curvatura gastrica minor begrenzt.
- ❑ d) enthält im Inneren an der Curvatura gastrica major parallel verlaufende Schleimhautfalten.

07-37. Kennzeichnen Sie die richtigen Antworten [2]

- ❑ a) Die Oberfläche der Tunica mucosa des Magens wird hauptsächlich von einem hochprismatischen Epithel gebildet.
- ❑ b) Hauptzellen des Magens bilden Salzsäure.
- ❑ c) Belegzellen des Magens bilden Pepsinogen.
- ❑ d) Nebenzellen im Bereich des Fundus gastricus bilden Schleim.

07-38. Pars descendens duodeni [2]

- ❑ a) liegt links von der Wirbelsäule.
- ❑ b) enthält an der Papilla duodeni die Mündung des Ductus hepaticus communis.
- ❑ c) liegt retroperitoneal.
- ❑ d) liegt vor dem mittleren Rand der rechten Niere.

07-39. Dünndarmzotten [2]

- ❑ a) werden von einem einschichtigen Plattenepithel bedeckt.
- ❑ b) enthalten in ihrem Inneren zentrale Lymphgefäße.

- ❑ c) haben an ihrer Oberfläche Kerckringsche Falten.
- ❑ d) besitzen glatte Muskelzellen.

07-40. Caecum [2]

- ❑ a) liegt im rechten Unterbauch, in der Fossa iliaca.
- ❑ b) ist der 2. Abschnitt vom Intestinum crassum.
- ❑ c) ist der kürzeste Dünndarmabschnitt.
- ❑ d) enthält die Abgangsstelle des Wurmfortsatzes.

07-41. Der Mastdarm [2]

- ❑ a) ist etwa 25 cm lang.
- ❑ b) wird im oberen Teil als Ampulla recti bezeichnet.
- ❑ c) geht nach unten in den Canalis analis über.
- ❑ d) wird durch glatte Muskulatur des Beckenbodens willkürlich verschließbar.

07-42. Die Leber [2]

- ❑ a) liegt überwiegend retroperitoneal.
- ❑ b) liegt unterhalb des Zwerchfells.
- ❑ c) hat die untere Begrenzung auf der linken Seite in Höhe des Rippenbogens.
- ❑ d) überdeckt teilweise den Magen.

07-43. An der Leber lassen sich folgende Strukturen erkennen: [2]

- ❑ a) Lobus superior
- ❑ b) Lobus caudatus
- ❑ c) Lobus quadratus
- ❑ d) Lobus parietalis

07-44. Die Bauchspeicheldrüse [2]

- ❑ a) liegt im Abdomen an der vorderen Bauchwand.
- ❑ b) ragt mit ihrem Schwanzteil bis zur rechten Niere.
- ❑ c) liegt retroperitoneal.
- ❑ d) wird auf der rechten Seite vom Duodenum umschlossen.

07-45. Nennen Sie die Funktionen der Abschnitte des Verdauungstraktes! [20]

07-46. Nennen und erläutern Sie Faktoren, die die Magensaftsekretion auslösen! [10]

07-47. Nennen Sie Sekrete der Verdauungsabschnitte und geben Sie an, welche Menge bei normaler Ernährung pro Tag durchschnittlich gebildet wird! [10]

[18]

07-48. Erläutern Sie die wichtigsten Funktionen der Leber!

Urogenitalsystem
58 Fragen

08-01. Beschriften Sie die Niere in der Tabelle! [10]

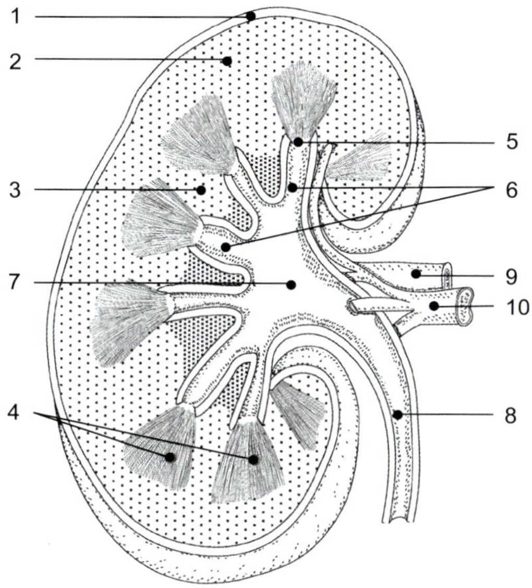

Nr.	deutsche Bezeichnung	Fachbezeichnung
1		
2		
3		
4		
5		
6		
7		
8		
9		
10		

08-02. Beschreiben Sie die Lage der Nieren! [7]

08-03. Beschreiben Sie den makroskopischen Bau der Nieren! [16]

08-04. Beschreiben Sie den Aufbau des Nephron! [20]

08-05. Beschriften Sie folgende Abbildung in der Tabelle auf der nächsten Seite! [17]

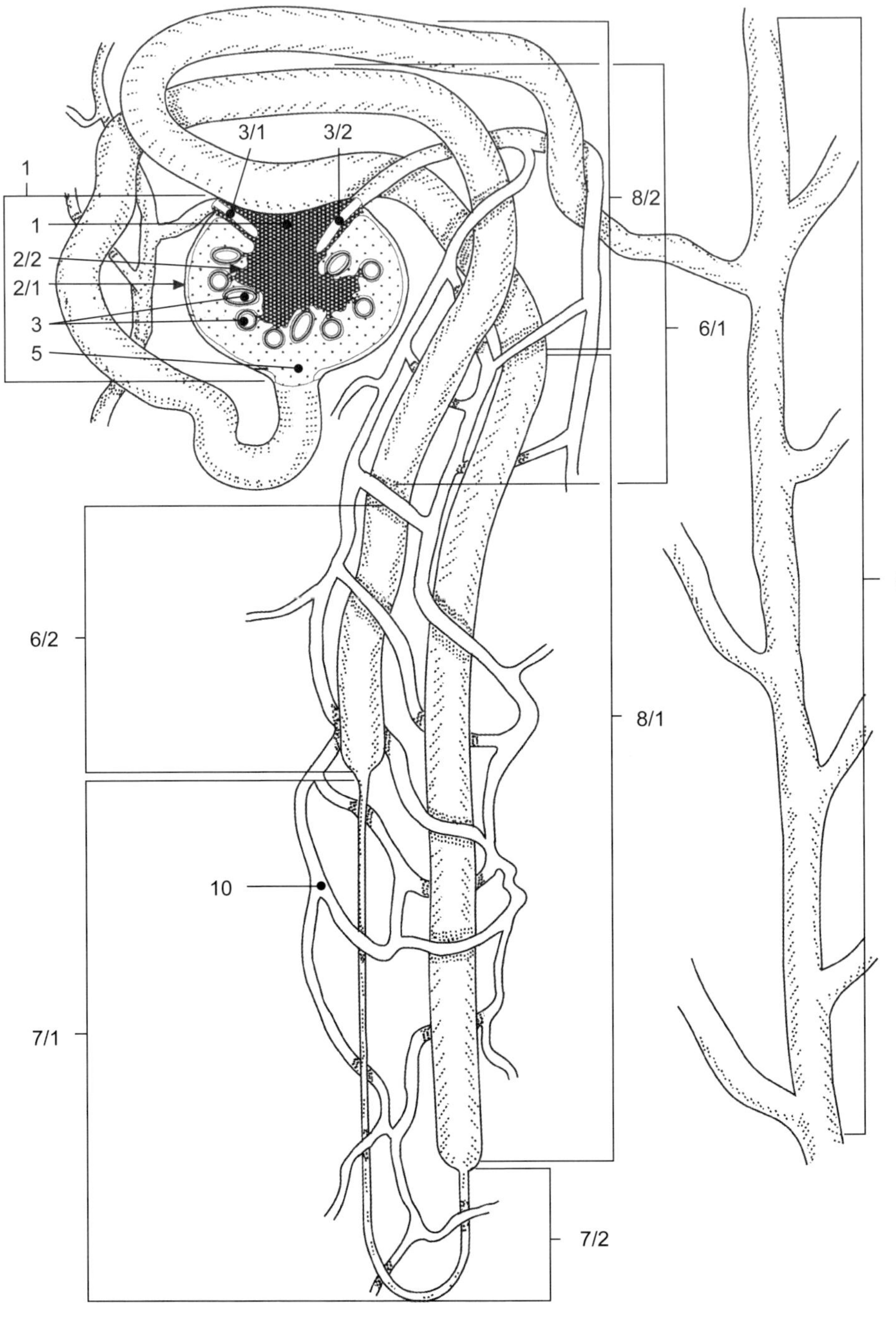

Nr.	deutsche Bezeichnung	Fachbezeichnung
1		
2		
2/1		
2/2		
3		
3/1		
3/2		
4		
5		
6/1		
6/2		
7/1		
7/2		
8/1		
8/2		
9		
10		

08-06. Beschreiben Sie die Lage der Harnblase! Nennen Sie die benachbarten Organe bei der Frau und beim Mann! [7]

08-07. Beschreiben Sie den makroskopischen Bau der Harnblase! [7]

08-08. Erläutern Sie den Filtrationsvorgang in der Niere! [8]

08-09. Erläutern Sie die Entstehung des Harns aus dem Primärharn! [10]

08-10. Erläutern Sie Regulationsmechanismen, die bei Wassermangel ablaufen! [4]

08-11. Erläutern Sie Regulationsmechanismen, die bei Salzmangel ablaufen! [7]

08-12. Die Nieren [2]

- ☐ a) liegen rechts und links von der Wirbelsäule.
- ☐ b) werden oberhalb vom 10. Brustwirbel begrenzt.
- ☐ c) liegen intraperitoneal.
- ☐ d) werden unterhalb vom 3. Lendenwirbel begrenzt.

08-13. Die Nieren [2]

- ❑ a) werden von einem Fasziensack umgeben.
- ❑ b) bestehen außen aus einer Markschicht.
- ❑ c) bestehen innen aus einer Rindenschicht.
- ❑ d) haben an ihrer medialen Seite einen Nierenhilus.

08-14. Kennzeichnen Sie die richtigen Antworten! [1]

- ❑ a) Das Gefäßknäuel in der Bowmanschen Kapsel besteht aus vielen Kapillarschlingen, die aus der efferenten Arteriole hervorgehen.
- ❑ b) Die Bowmansche Kapsel wird von einem außen liegenden viszeralen Blatt und einem innen liegenden parietalen Blatt gebildet.
- ❑ c) Gegenüber dem Harnpol befindet sich der Gefäßpol.
- ❑ d) Das venöse Wundernetz der Niere wird durch eine zuführende und wegführende Vene gebildet.

08-15. Die Henlesche Schleife wird gebildet aus [1]

- ❑ a) dünnem absteigenden und dünnem aufsteigenden Schleifenschenkel.
- ❑ b) geraden Abschnitten vom distalen Tubulus und gewundenem Teil vom proximalen Tubulus.
- ❑ c) geraden Abschnitten vom proximalen und distalen Tubulus sowie vom gesamten intermediären Tubulus.
- ❑ d) gewundenen Teilen des proximalen und distalen Tubulus.

08-16. Die Harnblase des Mannes liegt [2]

- ❑ a) überwiegend im großen Becken.
- ❑ b) subperitoneal.
- ❑ c) hinter dem Rektum.
- ❑ d) hinter der Schambeinfuge.

08-17. Die Vesica urinaria besteht aus folgenden Abschnitten: [2]

- ❑ a) dem Blasengrund, Fundus vesicae, der oben liegt.
- ❑ b) dem Harnblasenscheitel, Apex vesicae, der unten liegt.
- ❑ c) dem Blasenhals, Cervix vesicae, der vorn unten liegt.
- ❑ d) dem Harnblasenkörper, der sich nach unten an den Harnblasenscheitel, Apex vesicae, anschließt.

08-18. Kennzeichnen Sie die richtigen Antworten zum Filtrationsvorgang in der Niere! [2]

- ❑ a) Die Filtration erfolgt durch das viszerale Blatt der Bowmanschen Kapsel und durch das Kapillarendothel des Glomerulus.
- ❑ b) Der Primärharn besteht aus ca. 1/5 des Plasmawassers und aus hochmolekularen Stoffen.
- ❑ c) Der Filtrationsvorgang ist druckabhängig und kann zwischen 20 und 80 Torr autoregulativ konstant gehalten werden.
- ❑ d) Das Blut gelangt über die afferente Arteriole in das Glomerulus.

08-19. Bei der Entstehung des Harns aus dem Primärharn laufen folgende Mechanismen ab: [2]

- ❑ a) Pro Tag werden etwa 18 Liter Primärharn gebildet.
- ❑ b) Die Resorption des Wassers ist an die Resorption von Elektrolyten gebunden.
- ❑ c) In der Henleschen Schleife wird der Harn konzentriert.
- ❑ d) In den proximalen Tubulus wird der größte Teil des NH_3 abgesondert.

08-20. Bei Wassermangel laufen folgende Regulationsmechanismen ab: [2]

- ❑ a) Auf Grund des hypotonen Extrazellularraumes (EZR) wird vom Hypophysenhinterlappen Aldosteron ausgeschüttet.
- ❑ b) ADH bewirkt eine verstärkte Wasserrückresorption.
- ❑ c) Durch eine verstärkte Wasserrückresorption kann vermehrt Urin ausgeschieden werden.
- ❑ d) Auftretendes Durstgefühl fordert zur Flüssigkeitsaufnahme auf.

08-21. Bei Salzmangel laufen folgende Regulationsmechanismen ab: [2]

- ❑ a) Der hypertone EZR führt zur verstärkten Wasserausscheidung durch die Nieren.
- ❑ b) Die damit verbundene Blutdruckerhöhung führt zur Ausschüttung von Angiotensin 2.
- ❑ c) Durstgefühl wird erzeugt, das zur Ausschüttung von Aldosteron führt.
- ❑ d) Aldosteron bewirkt eine verstärkte Na^+ Resorption.

08-22. Beschreiben Sie Lage und Bau der Hoden, Testes! [18]

08-23. Beschreiben Sie den Bau des Nebenhodens! [7]

08-24. Beschreiben Sie den Verlauf des Samenleiters! [12]

08-25. Nennen Sie die akzessorischen Geschlechtsdrüsen des Mannes, beschreiben Sie deren Lage, Bau und Funktion! [25]

1.

Lage	Bau	Funktion

2.

Lage	Bau	Funktion

08

3.

Lage	Bau	Funktion

08-26. Beschreiben Sie den Aufbau des Penis! [18]

08-27. Nennen Sie die Abschnitte der männlichen Harnröhre, beschreiben Sie deren Verlauf und nennen Sie strukturelle Besonderheiten! [22]

Abschnitte	Verlauf	strukturelle Besonderheiten
1.		
2.		
3.		
4.		

08-28. Beschriften Sie folgende Abbildung in der Tabelle! [14]

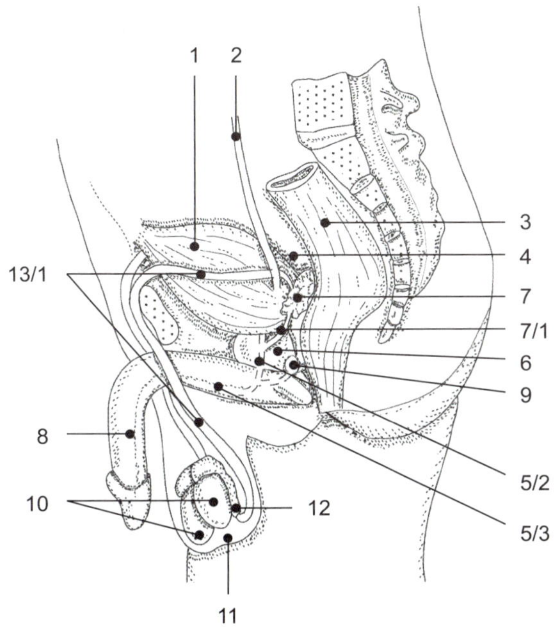

Nr.	deutsche Bezeichnung	Fachbezeichnung
1		
2		
3		
4		
5/2		
5/3		
6		
7		
8		
9		
10		
11		
12		
13/1		

08

08-29. Beschriften Sie folgende Abbildung in der Tabelle! **[15]**

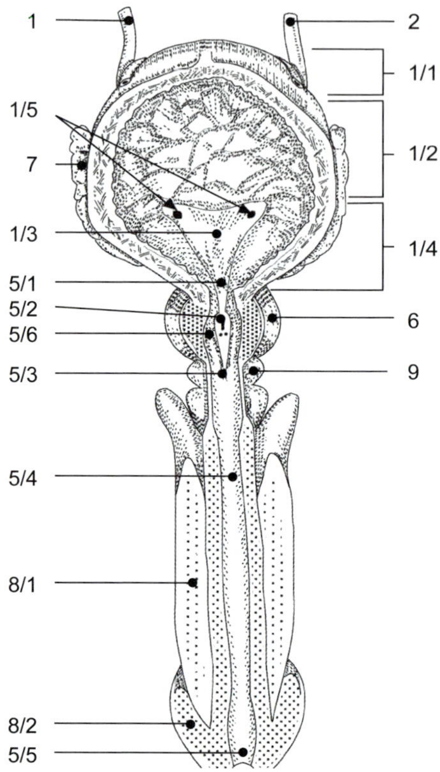

Nr.	deutsche Bezeichnung	Fachbezeichnung
1/1		
1/2		
1/3		
1/4		
1/5		
2		
5/1		
5/2		
5/3		
5/4		
5/5		
6		
7		
8/1		
8/2		
9		

08-30. Die Hoden liegen [2]

- [ ] a) eingebettet in Hodenhüllen, die aus Bauchfell, Muskelfaszien und subkutanen Bindegewebe bestehen.
- [ ] b) im Hodensack, Skrotum.
- [ ] c) hinter den Nebenhoden.
- [ ] d) über dem Samenstrang.

08-31. Kennzeichnen Sie die richtigen Antworten zum Bau des Hodens! [2]

- [ ] a) Das Hodengewebe wird durch bindegewebige Septen in Hodenläppchen gekammert.
- [ ] b) In den Septen werden die Spermien gebildet.
- [ ] c) Das männliche Sexualhormon, Testosteron, wird im Hodennetz gebildet.
- [ ] d) Der Hoden ist von einer derben bindegewebigen Kapsel umgeben.

08-32. Nebenhoden [2]

- [ ] a) produziert ein eiweißreiches, gelatinöses Sekret.
- [ ] b) ist für die Ausreifung der Spermien verantwortlich.
- [ ] c) gibt die Spermien direkt an den Samenleiter weiter.
- [ ] d) wird vom Samenstrang, Funiculus spermaticus gebildet.

08-33. Samenleiter [2]

- [ ] a) beginnt am Nebenhoden und zieht im Samenstrang bis zur Harnröhre.
- [ ] b) verläuft im kleinen Becken an der seitlichen Wand entlang bis zum Blasengrund.
- [ ] c) mündet in die Bläschendrüse.
- [ ] d) mündet auf dem Samenhügel in die Harnröhre.

08-34. Bläschendrüse [2]

- [ ] a) liegt hinter der Harnblase.
- [ ] b) hat im Inneren einen 15 cm langen Gang, der in die Harnröhre mündet.
- [ ] c) produziert ein Sekret, gelatinöser Konsistenz.
- [ ] d) speichert die Spermien.

08-35. Vorsteherdrüse [2]

- [ ] a) liegt vor dem Rektum, oberhalb der Harnblase.
- [ ] b) wird von einer derben bindegewebigen Kapsel umgeben.
- [ ] c) hat die Größe einer Kirsche.
- [ ] d) produziert ein dünnflüssiges schwach saures Sekret.

08-36. Cowpersche Drüsen [2]

- [ ] a) liegen vor dem Beckenbodenabschnitt der Harnröhre.
- [ ] b) haben die Größe einer Kastanie.
- [ ] c) münden mit ihrem Ausführungsgang im weiten Teil des Schwellkörperabschnittes der Harnröhre.
- [ ] d) produzieren ein klares schleimhaltiges Sekret.

08-37. Der Penis [2]

- [ ] a) besteht aus den paarigen Penisschwellkörpern, Corpora cavernosa penis.
- [ ] b) ist von einer serösen Haut umgeben.
- [ ] c) ist an den oberen Schambeinästen befestigt.
- [ ] d) endet vorne mit der Glans penis.

08-38. Kennzeichnen Sie die richtigen Antworten zum Aufbau der Schwellkörper des Penis! [2]

- ❑ a) Der Schwellkörper der Harn-Samen-Röhre beginnt zwischen den Schenkeln der paarigen Schwellkörper in Form einer kolbigen Verdickung.
- ❑ b) Die paarigen Schwellkörper enden vorne mit der Glans penis.
- ❑ c) Die Schwellkörper enthalten Geflechte quergestreifter Muskulatur.
- ❑ d) In den Schwellkörpern befinden sich Cavernen, die Blut aufnehmen können.

08-39. Die männliche Harnröhre [2]

- ❑ a) beginnt in der Harnblase mit der Pars membranacea.
- ❑ b) durchzieht die Prostata von dorsal nach ventral.
- ❑ c) verläuft im Penis umgeben vom Schwellkörper der Harn-Samen-Röhre.
- ❑ d) endet an der Glans penis mit einer kahnartig geformten Grube, Fossa navicularis.

08-40. Beschreiben Sie Lage und Bau der Eierstöcke! (Geburtshilfe) [12]

08-41. Beschreiben Sie den Bau der Gebärmutter! (Geburtshilfe) [12]

08-42. Beschreiben Sie Lage, Bau und Schichtaufbau der Eileiter! (Geburtshilfe) [22]

08-43. Beschreiben Sie den Schichtenaufbau der Gebärmutter!(Geburtshilfe) [18]

08-44. Beschreiben Sie Verlauf, Bau und Schichtaufbau der Vagina! (Geburtshilfe) [22]

08-45. Beschreiben Sie den Bau der äußeren weiblichen Geschlechtsorgane! (Geburtshilfe) [35]

08-46. Beschriften Sie folgende Abbildung in der Tabelle! [8]

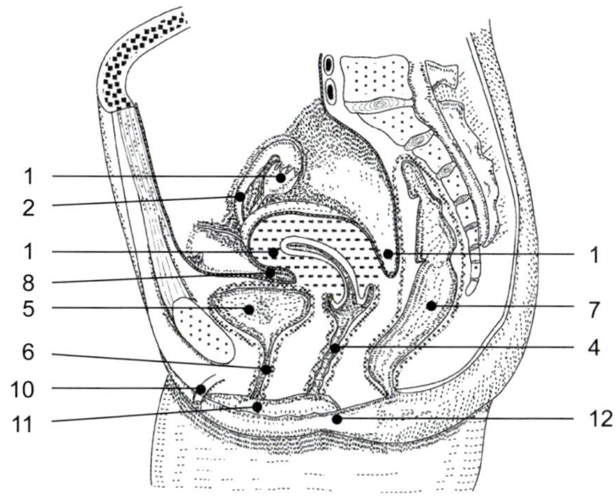

Nr.	deutsche Bezeichnung	Fachbezeichnung
1		
2		
3		
4		
5		
6		
7		
8		
9		
10		
11		
12		

08-47. Beschriften Sie Uterus und Adnexe in der folgenden Tabelle! (Geburtshilfe) [24]

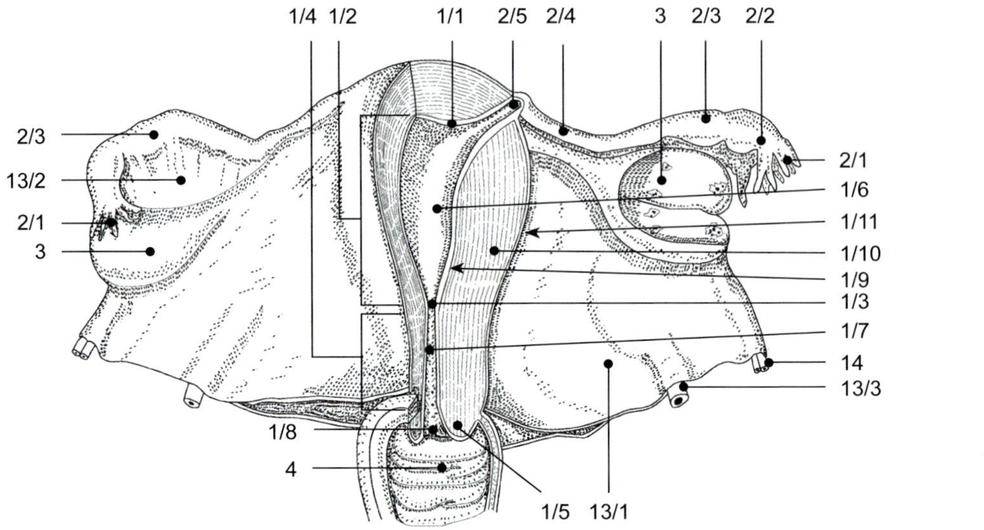

Nr.	deutsche Bezeichnung	Fachbezeichnung
1		
1/1		
1/2		
1/3		
1/4		
1/5		
1/6		
1/7		
1/8		
1/9		
1/10		
1/11		
2		
2/1		
2/2		
2/3		
2/4		
2/5		

Nr.	deutsche Bezeichnung	Fachbezeichnung
3		
4		
13/1		
13/2		
13/3		
14		

[20]

Nr.	deutsche Bezeichnung	Fachbezeichnung
1		
1/1		
1/2		
1/3		
1/4		
1/5		
1/6		
1/7		
1/8		
1/9		
1/10		
1/11		
2		
2/1		
2/2		
2/3		
2/4		
2/5		
3		
4		
13/1		
13/2		
13/3		
14		

08-48. Beschreiben Sie zyklische Veränderungen im Uterus! [28]

08-49. Die Eierstöcke liegen [2]

- ❑ a) retroperitoneal.
- ❑ b) intraperitoneal.
- ❑ c) im großen Becken, in der Fossa iliaca.
- ❑ d) im kleinen Becken, an der seitlichen Wand.

08-50. Die Eierstöcke bestehen aus [2]

- ❑ a) der Rindenzone, die außen liegt und die von einem einschichtigen Plattenepithel bedeckt ist.
- ❑ b) aus der Markschicht, die innen liegt und in der die Follikel liegen.
- ❑ c) der Rindenzone, die außen liegt und in der die Follikel liegen.
- ❑ d) der Markschicht, die aus Bindegewebe, Blut- und Lymphgefäßen aufgebaut ist.

08-51. Der Eileiter [2]

- ❑ a) wird lateral vom Tubentrichter gebildet, in dem sich eine Öffnung zur Bauchhöhle befindet.
- ❑ b) hat in seinem intramuralen Abschnitt eine Öffnung zur Gebärmutter.
- ❑ c) verläuft bogenförmig unter dem Eierstock entlang, in Richtung Gebärmutter.
- ❑ d) liegt retroperitoneal.

08-52. Uterus besteht aus: [2]

- ❑ a) Corpus uteri
- ❑ b) Cauda uteri
- ❑ c) Isthmus uteri
- ❑ d) Caput uteri

08-53. Kennzeichnen Sie die richtigen Antworten zum Aufbau des Endometrium! [2]

- ❑ a) Das Oberflächenepithel wird durch einschichtiges Plattenepithel gebildet.
- ❑ b) Das Stratum functionale wird während der Menstruation nicht abgestoßen.
- ❑ c) Das Stratum functionale besteht aus Bindegewebe, in dem Drüsen eingelagert sind.
- ❑ d) Das Stratum basale ist ca. 1 mm dick.

08-54. Myometrium [2]

- ❑ a) ist die dickste Schicht der Vagina.
- ❑ b) wird hauptsächlich durch glatte Muskulatur gebildet.
- ❑ c) kommt in mehreren Schichten vor.
- ❑ d) enthält zahlreiche Drüsen.

08-55. Große Schamlippen [2]

- ❑ a) verschließen bei geschlossen Oberschenkeln die Schamspalte.
- ❑ b) haben auf ihrer Außenseite Haare mit Talg- und Schweißdrüsen.
- ❑ c) haben auf ihrer Innenseite nur Duftdrüsen.
- ❑ d) werden hauptsächlich von mehrschichtig unverhorntem Plattenepithel bedeckt.

08-56. Kennzeichnen Sie die richtigen Antworten zum Scheidenvorhof. [2]

- ❑ a) Er wird vom Schamberg und dem Anus begrenzt.
- ❑ b) In ihn münden Urethra, Vagina und Rektum.
- ❑ c) Er wird hauptsächlich von mehrschichtig unverhorntem Plattenepithel bedeckt.
- ❑ d) Er ist unbehaart.

08-57. Kennzeichnen Sie die richtigen Antworten zur Proliferationsphase! [2]

- ❑ a) Sie schließt sich an die Desquamationsphase an.
- ❑ b) Dauert durchschnittlich 15 Tage.
- ❑ c) Unter dem Einfluß von Gestagenen wird das Stratum functionale aufgebaut.
- ❑ d) Drüsen wachsen aus dem Stratum basale in das Stratum functionale ein.

08-58. Kennzeichnen Sie die richtigen Antworten zur Sekretionsphase! [2]

- ❑ a) Sie schließt sich an die ischämische Phase an.
- ❑ b) Sie dauert ca. 14 Tage.
- ❑ c) Sie steht unter dem Einfluß von Gestagenen, die vom Uterus gebildet werden.
- ❑ d) Gefäße verlängern sich, Drüsen vergrößern sich.

Hormone
20 Fragen

09-01. Machen Sie allgemeine Aussagen zur Gruppe der Hormone in Bezug auf Bildungsort und Funktionsweise! [6]

09-02. Vervollständigen Sie die Tabelle zur Thematik „Hormone der Adenohypophyse“ (Hypophysenvorderlappen)! [11]

	Hormon	Funktion
Effektorhormone	1.	• stimuliert das Wachstum langer Knochen
	2. Prolaktin (PRL)	• •
	3. melanozytenstimulierendes Hormon (MSH)	• noch nicht endgültig geklärt
Steuerhormone	1. Follitropin (FSH)	• •
	2. Lutropin (LH)	• • • •
	3.	• stimuliert Synthese und Freisetzung von Schilddrüsenhormon
	4.	• stimuliert Synthese und Freisetzung von Kortikosteroiden in der Nebennierenrinde

09-03. Erläutern Sie den Zusammenhang zwischen Hypothalamus und Hypophyse! [10]

09-04. Vervollständigen Sie die Tabelle zur Thematik „Hormone der Neurohypophyse“! [4]

	Hormon	Funktion
Effektorhormone	1. Oxytocin	• •
	2. Adiuretin	• •

09-05. Nennen Sie die Schilddrüsenhormone und deren Funktion! [6]

Hormon	Funktion

09-06. Vervollständigen Sie die Tabelle zur Thematik „Hormone der Nebennierenrinde“! [9]

Hormongruppe	Vertreter	Funktion
1. Mineralokortikoide		•
2.	Kortisol	1. Einfluß auf Stoffwechsel – – 2. klinische Bedeutung – –
3.	 DEA	• • Zwischenstufen bei der Synthese von Testosteron und Östrogenen

09-07. Nennen Sie die Hormone des Nebennierenmarks, erläutern Sie kurz Ursachen für deren Freisetzung und die wichtigsten Reaktionen, die von den Hormonen ausgelöst werden! [10]

Hormon	Funktion

09-08. Nennen Sie wichtige Faktoren, die eine Insulinabgabe ins Blut auslösen! [5]

09-09. Nennen Sie die wichtigsten Wirkungen des Insulins! [5]

09-10. Hormone [2]

☐ a) werden in exokrinen Drüsen gebildet.
☐ b) wirken bei den Reaktionen katalytisch.
☐ c) lösen spezifische Reaktionen aus, die an mehreren Organen auftreten können.
☐ d) können in Verbindung mit dem Nervensystem als Transmitter fungieren.

09-11. Kennzeichnen Sie die richtigen Antworten! [2]

☐ a) Hypothalamus und Hypophyse bilden ein zentrales Steuer- und Regelsystem.
☐ b) Hormonbildende Zellen des Hypothalamus sind Nervenzellen.
☐ c) Nervenzellen des Hypothalamus werden vom ZNS nicht beeinflußt.
☐ d) Der Hypothalamus gehört nicht zum endokrinen System.

09-12. Follitropin (FSH) [2]

☐ a) ist ein Steuerhormon.
☐ b) stimuliert die Follikelentwicklung im Uterus.
☐ c) stimuliert die Gametogenese im Hoden.
☐ d) ist ein Effektorhormon.

09-13. Lutropin (LH) [2]

☐ a) aktiviert postnatal die Milchsekretion.
☐ b) stimuliert die Leydig-Zwischenzellen, die für Androgenbildung verantwortlich sind.
☐ c) löst Ovulation aus.
☐ d) stimuliert Synthese und Freisetzung von Schilddrüsenhormonen.

09-14. Oxytocin [2]

☐ a) wird in der Adenohypophyse gebildet.
☐ b) regt die Kontraktion der glatten Muskulatur in der Wand des Uterus bei der Geburt an.
☐ c) bewirkt die Kontraktion der Ausführungsgänge in den Milchdrüsen.
☐ d) dient der Regulation des osmotischen Drucks.

09-15. Adiuretin [2]

☐ a) ist ein Effektorhormon.
☐ b) wird in der Neurohypophyse gebildet.
☐ c) regt die Kontraktion der glatten Muskulatur in der Wand des Uterus bei der Geburt an.
☐ d) bewirkt an den distalen Tubuli und den Sammelrohren der Niere eine Wassersekretion.

09-16. Aldosteron [2]

☐ a) wird im Nebennierenmark gebildet.
☐ b) dient der Regulation des Elektrolyt- und Wasserhaushaltes.
☐ c) gehört zur Gruppe der Glukokortikoide.
☐ d) wird in der Nebennierenrinde gebildet.

09-17. Kortisol [2]

- ❑ a) bewirkt eine Steigerung der Glukoneogenese in der Leber.
- ❑ b) hat eine entzündungshemmende Wirkung.
- ❑ c) gehört zur Gruppe der Androgene.
- ❑ d) stimuliert den Abbau der Proteine in der Leber.

09-18. Adrenalin [2]

- ❑ a) wird in der Nebennierenrinde gebildet.
- ❑ b) bewirkt eine Erweiterung der Herzkranzgefäße.
- ❑ c) bewirkt eine Abnahme der Herzfrequenz.
- ❑ d) bewirkt eine Verengung der Gefäße in der Haut.

09-19. Abgabe des Insulins in das Blut wird gefördert durch: [2]

- ❑ a) Glukagon
- ❑ b) Lutropin
- ❑ c) Prolaktin
- ❑ d) Glukose

09-20. Wichtige Wirkungen des Insulins sind: [2]

- ❑ a) Abgabe von Glukose aus dem Muskel in das Blut.
- ❑ b) Förderung der Glukoneogenese.
- ❑ c) Förderung der Glykogensynthese.
- ❑ d) Hemmung der Glukoneogenese.

Nervensystem
30 Fragen

10-01. Vervollständigen Sie folgende Übersicht zur Einteilung des Nervensystems! [13]

1. topografische Gliederung	
a.	b.
•	•
2. funktionelle Gliederung	
a.	b.
• • •	• •
•	

10-02. Erstellen Sie eine Übersicht zur Gliederung des Gehirns! [9]

10-03. Beschriften Sie folgende Abbildung in der Tabelle! **[10]**

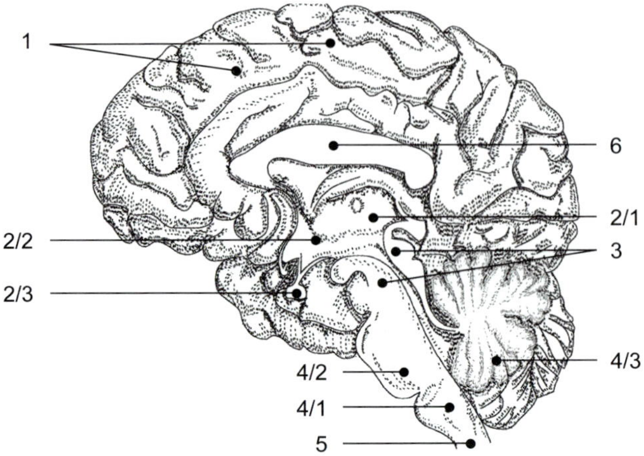

Nr.	deutsche Bezeichnung	Fachbezeichnung
1		
2/1		
2/2		
2/3		
3		
4/1		
4/2		
4/3		
5		
6		

10-04. Beschreiben Sie den allgemeinen Bau des Telencephalon! **[10]**

10-05. Tragen Sie in der folgenden Tabelle die wichtigsten Zentren der Großhirnrinde ein und ordnen Sie diese den Lappen bzw. Windungen zu! **[10]**

Lappen	Windung	Zentren	Funktion
1. Lobus frontalis	• Gyrus praecentralis	•	•
		•	•
2. Lobus parietalis	• Gyrus postcentralis	•	•
3. Lobus occipitalis		•	•
4. Lobus temporalis		•	•

[6]

10-06. Nennen Sie die wichtigsten Bahnen der weißen Substanz und erläutern Sie diese vereinfacht!

[12]

10-07. Beschreiben Sie Bau und Funktion der Hüllen des Zentralnervensystems!

10

10-08. Beschriften Sie folgende Abbildung in der Tabelle! [6]

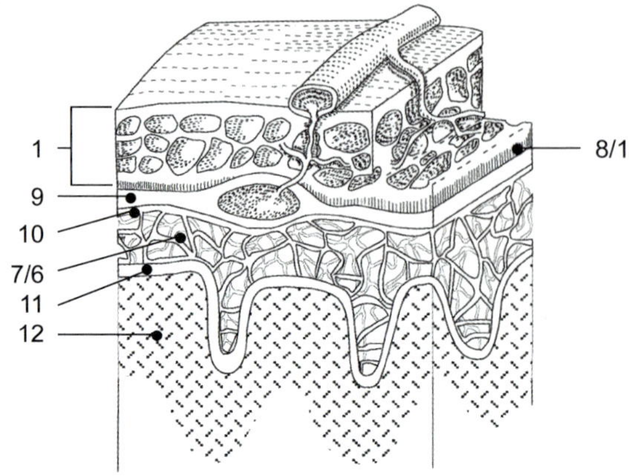

Nr.	deutsche Bezeichnung	Fachbezeichnung
7/6		
8		
9		
10		
11		
12		

10-09. Beschreiben Sie die Lage des Rückenmarks! [8]

10-10. Beschreiben Sie das Rückenmark in bezug auf Form, Abschnitte und Anzahl von Rückenmarksnerven! [12]

10-11. Beschreiben Sie den inneren Bau des Rückenmarks! [10]

10-12. Erläutern Sie, wie die Rückenmarksnerven mit dem Rückenmark in Verbindung treten! [6]

10-13. Beschriften Sie folgende Abbildung in der Tabelle! **[13]**

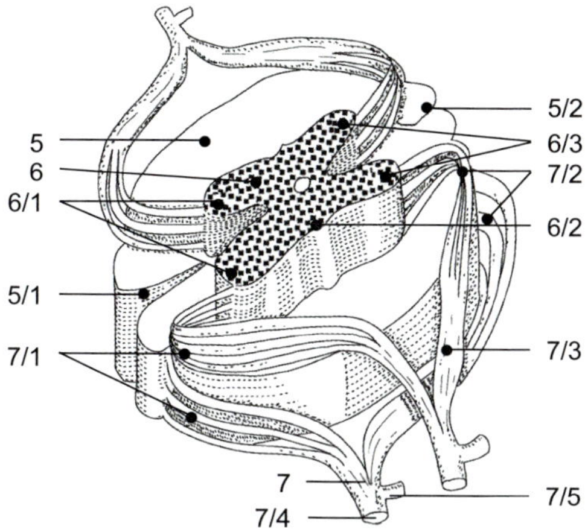

Nr.	deutsche Bezeichnung	Fachbezeichnung
5		
5/1		
5/2		
6		
6/1		
6/2		
6/3		
7		
7/1		
7/2		
7/3		
7/4		
7/5		

10-14. Vervollständigen Sie das vorliegende Arbeitsblatt „Wichtige periphere Nerven und deren Versorgungsgebiete“! [24]

Spinalnerven	Plexus	periphere Nerven	Versorgungsgebiete
(1)	Plexus cervicalis	(1)	• (1)
		motorische Nerven	• (1)
		(1)	• Diaphragma
C 5 – Th 1	(1)	N. radialis	• (1) • bei Ausfall: (1)
		(1)	• großer Teil der Flexoren des Unterarms • bei Ausfall: (1)
		(1)	• kleiner Teil der Flexoren des Unterarms • bei Ausfall: (1)
Th 1 – Th 12	kein	motorische Nerven	• • (2)
		Hautnerven	• (1)
Th 12 – L 4	(1)	motorische Nerven	• • (2)
		Hautnerven	• Oberschenkel lateral • Genitalbereich
L 4 – S 3	Plexus sacralis (1)	motorische Nerven	• (1)
		(1)	• Flexoren des Oberschenkels • alle Muskeln des Unterschenkels und des Fußes sowie der Haut in diesem Gebiet
S 2 – S 4	Plexus sacralis (1)	motorische Nerven Hautnerven	• Beckenbodenmuskulatur sowie der Haut in diesem Gebiet
S 5 – Co 1	Plexus coccygeus	(1)	• (1)

10-15. Beschriften Sie die „Peripheren Nerven“ bei folgenden Abbildungen in der Tabelle! [10]

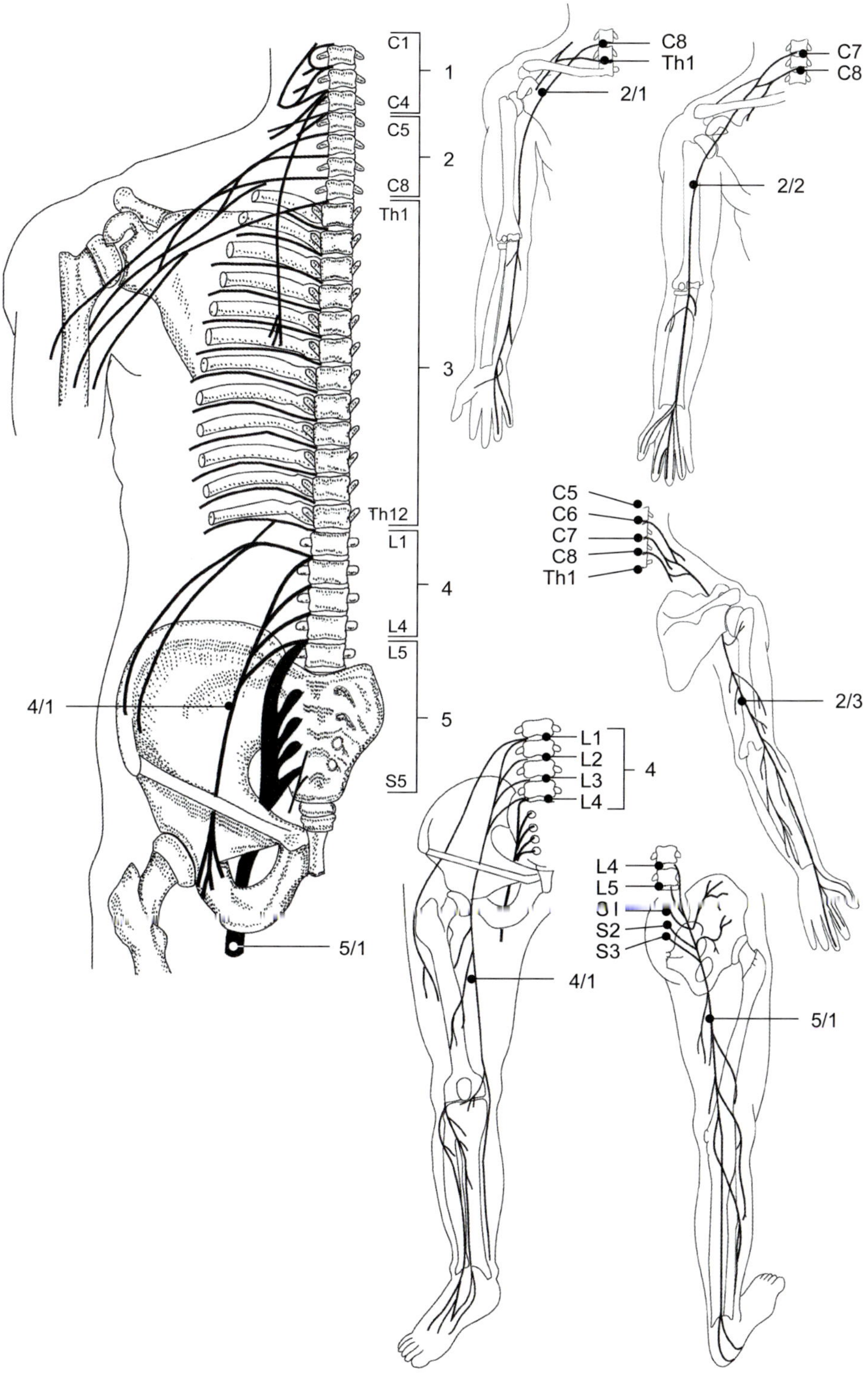

10

Nr.	deutsche Bezeichnung	Fachbezeichnung
1		
2		
2/1		
2/2		
2/3		
3		
4		
4/1		
5		
5/1		

10-16. Zerebrospinales Nervensystem [2]

- ❑ a) dient der Auseinandersetzung des Organismus mit dem inneren Milieu.
- ❑ b) regelt Organfunktionen meist ohne Bewußtseinsbeteiligung.
- ❑ c) löst Bewegungsabläufe aus.
- ❑ d) nimmt Reize aus der Umwelt auf, wandelt diese in Erregungen um und reagiert auf diese Reize.

10-17. Viszerales (autonomes) **Nervensystem** [2]

- ❑ a) dient der Auseinandersetzung des Organismus mit dem inneren Milieu.
- ❑ b) regelt Organfunktionen meist ohne Bewußtseinsbeteiligung.
- ❑ c) nimmt Reize aus der Umwelt auf, wandelt diese in Erregungen um und reagiert auf diese Reize.
- ❑ d) löst Bewegungsabläufe der Skelettmuskulatur aus.

10-18. Truncus cerebri besteht aus: [2]

- ❑ a) Rhombencephalon
- ❑ b) Medulla spinalis
- ❑ c) Telencephalon
- ❑ d) Diencephalon

10-19. Zum Rhombencephalon gehören: [2]

- ❑ a) Pons
- ❑ b) Mesencephalon
- ❑ c) Telencephalon
- ❑ d) Medulla oblongata

10-20. Kennzeichnen Sie die richtigen Antworten! [2]

- ❑ a) Telencephalon wird durch eine tiefe Längsspalte in zwei Hemisphären unterteilt.
- ❑ b) Im Inneren des Großhirns befindet sich der 3. Ventrikel.
- ❑ c) Die Oberfläche des Großhirns wird durch Gyri und Sulci geprägt.
- ❑ d) Die graue Substanz wird von Dendriten und Neuriten gebildet.

10-21. Im Lobus frontalis befindet sich [1]

- ❑ a) im Gyrus postcentralis ein motorisches Kernfeld.
- ❑ b) ein sensorisches Rindenfeld.
- ❑ c) das motorisches Sprachzentrum, Broca.
- ❑ d) das Sehzentrum.

10-22. Im Lobus parietalis befindet sich [1]

- ❑ a) im Gyrus postcentralis ein sensorisches Rindenfeld.
- ❑ b) das sensorische Sprachzentrum, Wernicke.
- ❑ c) im Gyrus praecentralis ein motorisches Kernfeld.
- ❑ d) das Sehzentrum.

10-23. Im Lobus occipitalis befindet sich [1]

- ❑ a) das sensorische Sprachzentrum, Wernicke.
- ❑ b) das Sehzentrum.
- ❑ c) das motorische Sprachzentrum, Broca.
- ❑ d) ein motorisches Kernfeld.

10-24. Im Lobus temporalis befindet sich [1]

- ❑ a) ein sensorisches Rindenfeld.
- ❑ b) ein motorisches Kernfeld.
- ❑ c) das Sehzentrum
- ❑ d) das sensorische Sprachzentrum, Wernicke.

10-25. Kennzeichnen Sie die richtigen Antworten! [2]

- ❑ a) Assoziationsfasern verbinden Rindenbezirke der gleichen Großhirnhemisphäre miteinander.
- ❑ b) Kommissurenfasern verbinden Großhirnrinde mit Zentren des Hirnstamms.
- ❑ c) Projektionsfasern verbinden Großhirnrinde mit Zentren des Hirnstamms und des Rückenmarks miteinander.
- ❑ d) Assoziationsfasern verbinden Diencephalon und Mesencephalon miteinander.

10-26. Kennzeichnen Sie die richtigen Antworten! [2]

- ❑ a) Seitenventrikel liegen im Rhombencephalon.
- ❑ b) Zwischen dem 3. Ventrikel und dem 4. Ventrikel liegt der Aquaeductus mesencephali.
- ❑ c) Liquor wird von der Hirnanhangsdrüse gebildet.
- ❑ d) Der 3. Ventrikel liegt im Zwischenhirn.

10-27. Kennzeichnen Sie die richtigen Antworten! [1]

- ❑ a) Im Vorderhorn des Rückenmarks befinden sich Nervenzellen, die zum vegetativen Nervensystem gehören.
- ❑ b) Im Hinterhorn des Rückenmarks münden afferente Nerven, die Informationen von der Oberflächen- und Tiefensensibilität liefern.
- ❑ c) Im Seitenhorn befinden sich motorische Nervenzellen, die die Skelettmuskulatur versorgen.
- ❑ d) Im Vorderhorn befinden sich Nervenzellen, die Temperatur- und Schmerzempfindungen aufnehmen.

10-28. Der Plexus cervicalis [1]

- ❑ a) gibt Hautnerven ab, die die obere Extremität versorgen.
- ❑ b) wird von den Halsnerven C1 – C7 gebildet.
- ❑ c) gibt den N. phrenicus ab.
- ❑ d) versorgt Muskeln im Brustbereich.

10-29. Der Plexus brachialis [2]

- ❑ a) gibt den N. radialis ab, der Flexoren am Ober- und Unterarm versorgt.
- ❑ b) gibt den N. medianus ab, der Flexoren des Unterarms versorgt.
- ❑ c) gibt den N. ulnaris ab, der Extensoren des Oberarms versorgt.
- ❑ d) wird von den Spinalnerven C5 – Thl gebildet.

10-30. Kennzeichnen Sie die richtigen Antworten! [2]

- ❑ a) N. ischiadicus versorgt Extensoren des Oberschenkels.
- ❑ b) Plexus pudendus versorgt die Beckenbodenmuskulatur.
- ❑ c) Plexus coccygeus versorgt Haut im Bereich des Steißbeins.
- ❑ d) Plexus lumbalis versorgt die Zwischenrippenmuskeln.

Sinnessystem
13 Fragen

11-01. Nennen Sie die Augenhäute sowie deren Unterschichten! [11]

11-02. Beschreiben Sie den Bau der äußeren Augenhaut! [9]

11-03. Beschreiben Sie die Abschnitte des Tränenapparates! [8]

11-04. Beschriften Sie folgende Abbildung in der Tabelle! [13]

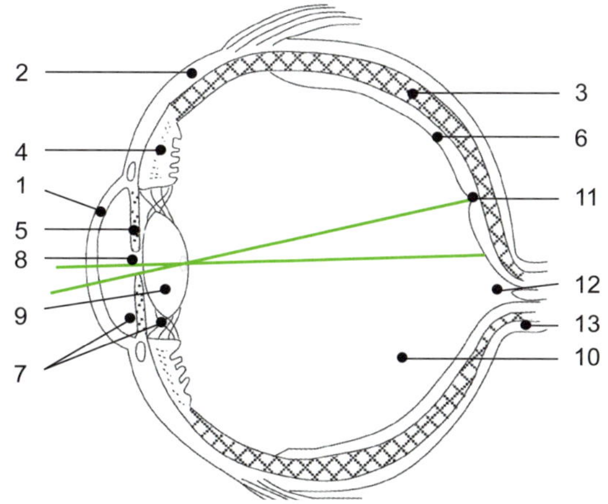

Nr.	deutsche Bezeichnung	Fachbezeichnung
1		
2		
3		
4		
5		
6		
7		
8		
9		
10		
11		
12		
13		

11-05. Ordnen Sie die makroskopischen Strukturen des Ohres den jeweiligen Abschnitten zu! [12]

11-06. Beschreiben Sie Lage und Bau des Trommelfells! [6]

11-07. Beschriften Sie die Abbildung „Ohr“ in der Tabelle! [9]

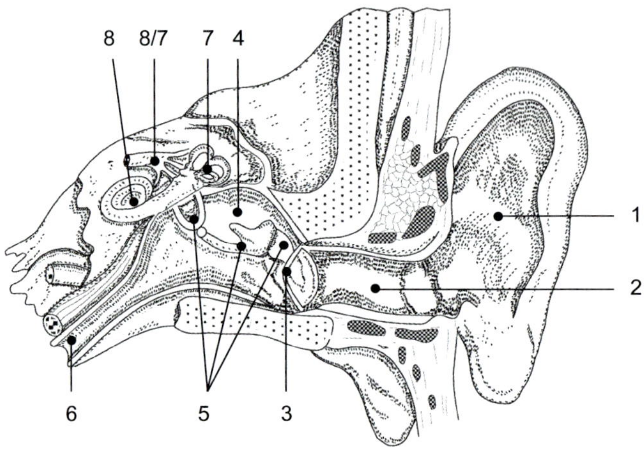

Nr.	deutsche Bezeichnung	Fachbezeichnung
1		
2		
3		
4		
5		
6		
7		
8		
8/7		

11-08. Beschreiben Sie den Vorgang des „Hörens“! [10]

11-09. Nennen Sie die Funktionen der Haut! [6]

11-10. Nennen Sie die Schichten bzw. die Bestandteile der Haut! [10]

11-11. Beschriften Sie die Abbildung „Haut“ in der Tabelle! [8]

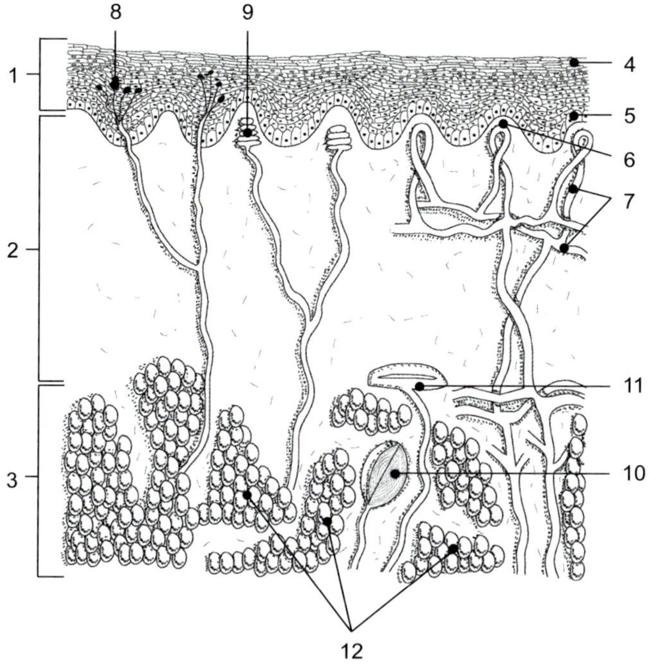

Nr.	deutsche Bezeichnung	Fachbezeichnung
1		
2		
3		
4		
5		
6		
7		
8		
9		
10		
11		
12		

11-12. Vervollständigen Sie folgende Tabelle zur Thematik „Vorkommen und Funktionen der Hautdrüsen"! (je 1/2 Punkt) [13]

Drüse	Vorkommen	Funktion
1. Talgdrüsen	(7)	(2)
2. Schweißdrüsen	(3)	(3)
3. Duftdrüsen	(5)	(2)

11-13. Beschriften Sie die Abbildung „Haut mit Haaren und Drüsen“ in der Tabelle! **[8]**

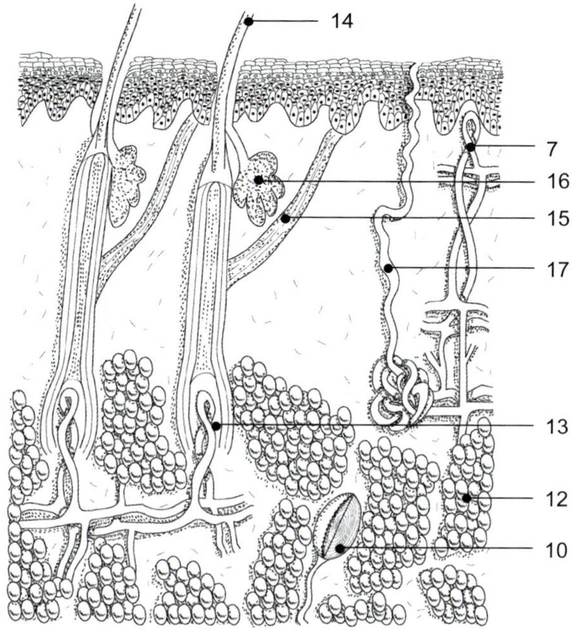

Nr.	deutsche Bezeichnung	Fachbezeichnung
7		
10		
12		
13		
14		
15		
16		
17		

Antworten

Orientierung am Körper / Allgemeinphysiologie
Antworten

01-01. bis 20. MC-Fragen [36]

01-01. a	01-02. b, d	01-03. a, c	01-04. a, c	01-05. c, d
01-06. a, c	01-07. c, d	01-08. c	01-09. a, d	01-10. a, d
01-11. a	01-12. a, c	01-13. c, d	01-14. b, c	01-15. b, c
01-16. c, d	01-17. d	01-18. b, d	01-19. b, d	01-20. b, d

01-21. Biologische Funktionen der Eiweiße [6]

- Bau- und Strukturstoff von Zell- und Gewebestrukturen.
- Stoffwechselsteuerung als Enzyme und Hormone.
- Abwehr durch Antikörperbildung.
- Die in der Gerinnungskaskade wirkenden Stoffe sind Eiweiße.
- Bewegung durch kontraktile Eiweiße.
- Stofftransport durch Transportproteine.
- Festigung und Schutz durch Strukturproteine.
- Pufferung.

01-22. Interpretation des Diffusionsgesetzes [5]

Unter Diffusion versteht man die Wanderung der gelösten Teilchen vom Ort der höheren zum Ort der niederen Konzentration auf Grund der Eigenbeweglichkeit der Teilchen.

$$\frac{Q}{t} = D\,\frac{A \cdot \Delta c}{l}$$

$\frac{Q}{t}$ proportional A

$\frac{Q}{t}$ propotional Δc

$\frac{Q}{t}$ indirekt propotional l

Legende:

Q ➠ Menge der diffundierden Stoffe

t ➠ Zeiteinheit

A ➠ Austauschfläche

l ➠ Diffusionsweg

Δc ➠ Konzentrationsunterschied

Histologie
Antworten

02-01. bis 18. MC-Fragen [36]

02-01. b, c	02-02. a, d	02-03. b, c	02-04. a, b	02-05. a, b
02-06. c, d	02-07. a, c	02-08. b, d	02-09. b, c	02-10. a, c
02-11. b, c	02-12. c, d	02-13. a, d	02-14. a, c	02-15. a, c
02-16. a, b	02-17. a, d	02-18. a, b		

02-19. Beschriftung der Nervenzelle. [7]

Nr.	deutsche Bezeichnung	Fachbezeichnung
1	Substanz um den Zellkern	Perikaryon
2	Zellkern	Nucleus
3	Nissl-Schollen	Nissl-Schollen
4	Nervenzellbaum	Dendriten
5	Nervenfaser	Neurit / Axon
6	Markscheide	Stratum myelini / Markscheide
7	Ranvierscher Schnürring	Ranvierscher Schnürring
8	Endbäumchen	Telodendron
9	Zellmembran	Plasmalemma

02-20. „Bindegewebe“. [38]

Bindegewebe	Bezeichnung	fixe Zellen	Interzellularsubstanz	Vorkommen	Funktion
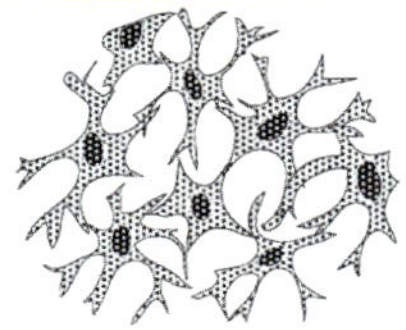	1. Mesenchym	1. Mesenchymzellen	1. flüssig	1. Embryo	1. Füllgewebe 2. Ausgangsmaterial für alle anderen Binde- und Stützgewebe sowie für weitere Gewebe
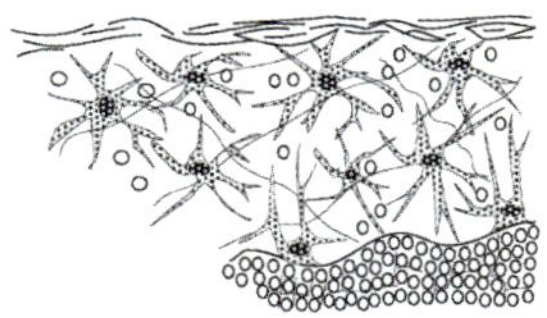	1. retikuläres Bindegewebe	1. Retikulumzellen	1. retikuläre Fasern	1. Knochenmark 2. Milz 3. Lymphknoten	1. Phagozytose 2. an der Blutbildung beteiligt
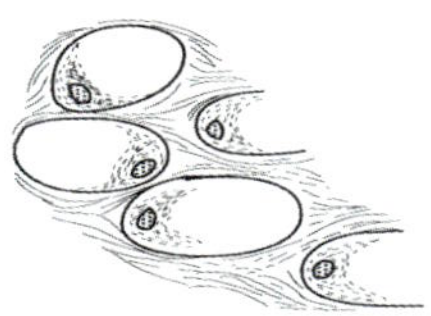	1. Fettgewebe	1. Fettzellen	1. Grundsubstanz mit wenig Fasern	1. unter der Haut	1. Fettstoffwechsel 2. druckelastisches Polster 3. Wasserhaushalt 4. Wärmehaushalt
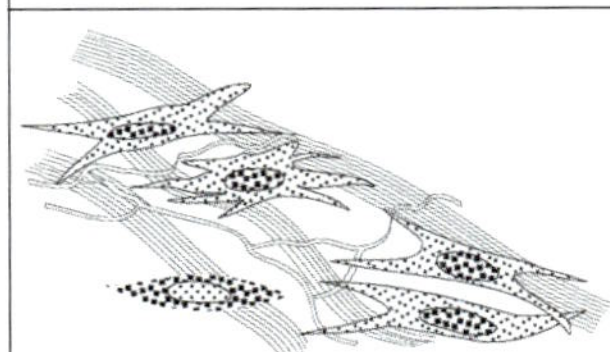	1. lockeres Bindegewebe	1. Fibrozyten	1. retikuläre Fasern 2. kollagene Fasern 3. elastische Fasern	1. zwischen Organen	1. speichert Wasser 2. Abwehrfunktion
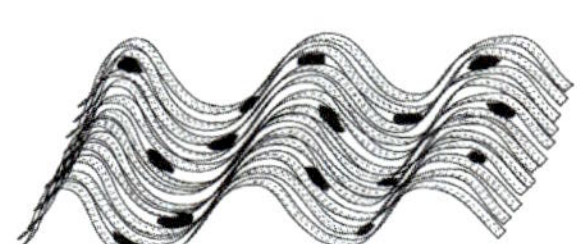	1. straffes Bindegewebe	1. Fibrozyten	1. kollagene Fasern 2. elastische Fasern	1. Lederhaut 2. Bänder 3. Sehnen	1. Kraftübertragung

Bewegungssystem
Antworten

03-01. bis 10. MC-Fragen [20]

03-01. a, b	03-02. a, d	03-03. b, c	03-04. b, c	03-05. c, b
03-06. a, c	03-07. a, d	03-08. b, d	03-09. a, c	03-10. a, c

03-11. Desmale Ossifikation (Geburtshilfe) [6]

1. Beginn: 6. Schwangerschaftswoche.
2. Mesenchymzellen spezialisieren sich zu Osteoblasten und Osteoklasten.
3. Osteoblasten bilden Grundsubstanz (Osteoid) aus der dann Knochenbälkchen entstehen.
4. Das Mesenchym, welches den Knochen umgibt, differenziert sich zum Periost.
5. Osteoklasten bauen bereits entstandenes Knochengewebe teilweise wieder ab.
6. Durch Ab- und Aufbau kommt es zur Ausformung des Knochens.

03-12. Allgemeiner Bau des Gelenkes. [15]

Bestandteil	Bemerkungen
1. Gelenkspalt	• gewebefreier Spalt zwischen den Gelenkflächen
2. Gelenkflächen	• konvex bzw. konkav • Überzug mit Gelenkknorpel
3. Gelenkschmiere	• Synovia • im Gelenkspalt • wird von Synovialschicht der Gelenkkapsel gebildet • hat Ernährungsfunktion • dient der Reibungsminderung
4. Gelenkkapsel	• Außenschicht aus straffem Bindegewebe mit Abgrenzungsfunktion • Innenschicht (Synovialschicht)
5. Gelenkbänder	• aus straffem Bindegewebe • dient dem Zusammenhalt

03-13. Entstehung des Röhrenknochens (Geburtshilfe) [20]

- Beginn 5.-8. Schwangerschaftswoche.
- Aus dem Mesenchym entsteht ein hyalinknorpliges Skelettelement.
- Im Perichondrium haben sich im Bereich der Diaphyse Osteoblasten gebildet.
- Durch desmale Osteogenese entsteht eine Knochenmanschette.
- Im Bereich der Diaphyse kommt es zur Umwandlung von Perichondrium in Periost.
- Vom Perichondrium aus wachsen Blutgefäße in das Innere der Diaphyse, wodurch Bindegewebe ebenfalls eindringt.
- Aus dem Bindegewebe differenzieren sich Osteoblasten, Osteoklasten, Chondroklasten und blutbildende Zellen.
- Durch enchondrale Osteogenese entsteht nun der primäre Knochenkern im Inneren der Diaphyse.

- Proximal und distal vom Knochenkern bildet sich eine Wachstumszone, die für das Längenwachstum verantwortlich ist.
- Mit fortschreitender enchondraler Osteogenese verlagern sich die Wachstumszonen epiphysenwärts und differenzieren sich zur Epiphysenplatte.
- Auch in den Epiphysen kommt es zum Einwachsen von Blutgefäßen.
- Es entstehen die sekundären Knochenkerne ebenfalls durch enchondrale Ossifikation.
- Von den Knochenkernen ausgehend verknöchert die Epiphyse.
- An den Gelenkflächen und am Übergang von der Epiphyse zur Diaphyse bleibt das Knorpelgewebe erhalten.
- An den Gelenkflächen bildet sich der Gelenkknorpel.
- Das Längenwachstum findet an den Epiphysenplatten statt.
- Durch Vermehrung und Wachstum des Knorpelgewebes wird der Knochen länger.
- Die proximale und distale Randzone der Epiphysenplatte verknöchert, so daß sie in ihrem Ausmaß erhalten bleibt.
- Das Breitenwachstum erfolgt durch Anbau von Knochengewebe im Bereich der Diaphyse.
- Im Inneren der Diaphyse erfolgt durch die Osteoklasten ein Abbau von Knochengewebe.
- An- und Abbau von Knochengewebe führen zur Ausbildung der Markhöhle in der Diaphyse und regulieren die Dicke der Kortikalis.

03-14. Beschriftung des Röhrenknochens [7]

Nr.	deutsche Bezeichnung
2	schwammartige Substanz
3	kompakte Knochensubstanz
4	Knochenhaut
5	Epiphysenlinie
6	körpernaher Endkörper
7	Mittelstück mit Markhöhle
8	körperferner Endkörper

Nr.	Fachbezeichnung
2	Substantia spongiosa
3	Substantia compacta
4	Periost
5	Epiphysenlinie
6	proximale Epiphyse
7	Diaphyse mit Cavitas medullaris
8	distale Epiphyse

03-15. Gliederung der Wirbelsäule [18]

Nr.	Abschnitte	Bezeichnung des Wirbels	Anzahl der Wirbel	Krümmungen
1	Halswirbelsäule	Vertebra cervicalis	7	Halslordose
2	Brustwirbelsäule	Vertebra thoracica	12	Brustkyphose
3	Lendenwirbelsäule	Vertebra lumbalis	5	Lendenlordose
4	Kreuzbein	Vertebra sacralis	5	entfällt
5	Steißbein	Vertebra coccygea	3 – 5	entfällt

03-16. Vergleich der Wirbel [14]

	Halswirbel	Brustwirbel	Lendenwirbel
Corpus vertebrae	• klein	• mittelgroß • Gelenkflächen für Rippen	• groß
Processus transversus	• kurz • Foramen transversarium	• Gelenkflächen für Rippen	• rippenähnlich
Processus spinosus	• kurz • gegabelt	• lang • kaudal gerichtet	• kräftig • dorsal gerichtet

03-17. bis 20. MC-Fragen [8]

03-17. b, d	03-18. b, d	03-19. b, c	03-20. a, b

03-21. Beschriftung der Wirbelsäule und Wirbel [28]

Nr.	deutsche Bezeichnung	Fachbezeichnung
1	Halswirbel	**Vertebrae cervicales**
2	Brustwirbel	**Vertebrae thorcicae**
3	Lendenwirbel	**Vertebrae lumbales**
4	Kreuz(bein)wirbel	**Vertebrae sacrales**
5	Steiß(bein)wirbel	**Vertebrae coccygeae**
6	Halskrümmung nach vorn	**Halslordose**
7	Brustkrümmung nach hinten	**Brustkyphose**
8	Lendenkrümmung nach vorn	**Lendenlordose**
9	Vorgebirge	**Promontorium**
10	**vorderer Bogen des 1. Halswirbels**	Arcus anterior
11	**hinterer Bogen des 1. Halswirbels**	Arcus posterior
12	Querfortsatzloch	**Foramen transversarium**
13	obere Gelenkfläche des 1. Halswirbels	Fovea articularis superior
14	Zahnfortsatz des 2. Halswirbels	**Dens axis**
15	**Halteband des 1. Halswirbels**	Ligamentum transversum atlantis
16	Wirbelkörper	**Corpus vertebrae**
17	Wirbelbogen	**Arcus vertebrae**

Nr.	deutsche Bezeichnung	Fachbezeichnung
18	Wirbelloch	**Foramen vertebrale**
19	Querfortsatz	**Processus transversus**
20	Dornfortsatz	**Processus spinosus**
21	oberer Gelenkfortsatz	**Processus articularis superior**
22	unterer Gelenkfortsatz	**Processus articularis inferior**
23	**untere Rippenpfanne**	Fovea costalis inferior
24	**quere Rippenpfanne**	Fovea costalis transversalis
25	Zwischenwirbelscheibe	**Discus intervertebralis**
26	**Gallertkern**	Nucleus pulposus
27	Zwischenwirbelloch	**Foramen intervertebrale**
28	Wirbelkanal	**Canalis vertebralis**
29	**Zwischenwirbelgelenk**	Articulatio intervertebralis

03-22. Funktionen der Wirbelsäule [9]

Funktionen	nähere Erklärungen
1. Stützfunktion des Rumpfes	• durch Größenzunahme der Wirbelkörper von kranial nach kaudal • verbindet Schädel, Thorax und Beckengürtel miteinander
2. Schutzfunktion	• Rückenmark liegt im Wirbelkanal
3. Bewegungsfunktion	• ermöglicht Bewegungen des Schädels und des Rumpfes • Federung durch Krümmungen der Wirbelsäule (Doppel-S-Form) • Dämpfung durch Bandscheiben, die nach dem Wasserkissenprinzip arbeiten

03-23. Entstehung der Krümmungen der Wirbelsäule (Geburtshilfe) [6]

Krümmungen	wann und wodurch
1. Brustkyphose	• nach der Geburt
2. Halslordose	• wenn das Kind beginnt, den Kopf anzuheben (3 Monate alt)
3. Lendenlordose	• wenn das Kind zu gehen beginnt (1 Jahr alt

03-24. bis 27. MC-Fragen [7]

03-24. c	03-25. b, c	03-26. b, c	03-27. a, c

03-28. Formveränderung des Thorax während der Entwicklung (Geburtshilfe) [9]

Form des Thorax	Zeitpunkt	Begründung
• glocken- oder birnenförmig	• Fetus	• große Leber • nicht entfaltete Lungen
• Inspirationsstellung	• Neugeborene	• durch Entfaltung der Lungen kommt es zur Anhebung der kranialen Rippen
• Exspirationsstellung	• 2. Lebensjahr	• durch aufrechte Haltung kommt es zur Senkung der Rippen

03-29. bis 33. MC-Fragen [10]

03-29. a, b	03-30. a, d	03-31. c, d	03-32. a, c	03-33. c, d

03-34. Funktionen des Beckengürtels [4]

Funktionen	Erläuterung
1. Stützfunktion	• Verbindung des Rumpfes mit den unteren Extremitäten • Übertragung der Körpermasse auf untere Extremitäten
2. Schutzfunktion	• Schutz der inneren Organe des Beckens
3. Beckengürtel wird ausgebaut als Gebärkanal	
4. Ursprung und Ansatz von Bauch- und Gesäßmuskeln	

03-35. Gliederung des Beckengürtels [8]

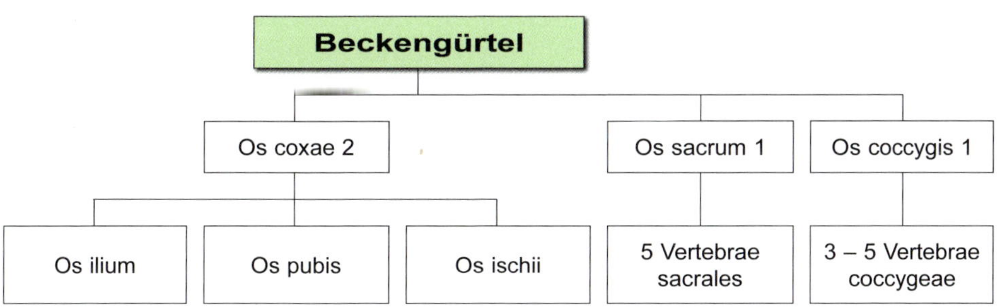

03-36. Beschriftung der oberen Extremitäten [29]

Nr.	deutsche Bezeichnung	Fachbezeichnung
1	Schlüsselbeinkörper	**Corpus claviculae**
2	**Brustbeinende**	Extremitas sternalis
3	**Schulterblattende**	Extremitas acromialis
4	Rippenfläche des Schulterblatts	**Facies costalis scapulae**
5	Brustbein	**Sternum**
6	**Rabenschnabelfortsatz**	Processus coracoideus
7	Schulterhöhe	**Acromion**
8	Schultergelenkpfanne	**Cavitas glenoidalis**
9	Oberarmkopf	**Caput humeri**
10	anatomischer Hals	**Collum anatomicum**
11	chirurgischer Hals	**Collum chirurgicum**
12	Schaft des Oberarmbeins	**Corpus humeri**
13	Oberarmköpfchen	**Capitulum humeri**
14	Oberarmrolle	**Trochlea humeri**
15	äußerer Obergelenkknorren	**Epicondylus lateralis**
16	innerer Obergelenkknorren	**Epicondylus medialis**
17	Speichenkopf	**Caput radii**
18	Speichenschaft	**Corpus radii**
19	**Handwurzelgelenkfläche**	Facies articularis carpea
20	**Griffelfortsatz an der Speiche**	Processus styloideus radii
21	Ellenbogen	**Olecranon**
22	Ellenschaft	**Corpus ulnae**
23	Ellenkopf	**Caput ulnae**
24	**Griffelfortsatz an der Elle**	Processus styloideus ulnae
25	Handwurzel	**Carpus**
26	Mittelhand	**Metacarpus**
27	Fingerglieder/Fingerknochen	**Phalanges**
28	Schulterblattgräte	**Spina scapulae**
29	**obere Schulterblattgrube**	Fossa supraspinata
30	**untere Schulterblattgrube**	Fossa infraspinata
31	hintere Schulterblattfläche	**Facies dorsalis scapulae**

03-37. Arbeitsblatt „Hüftbein“ [21]

- **Os coxae**
  - **Os pubis**
    - Corpus ossis pubis – Nr.: 9
    - Ramus superior ossis pubis – Nr.: 9/1
    - Ramus inferior ossis pubis – Nr.: 8
    - Symphysis pubica – Nr.: 21
  - **Os ischii**
    - Corpus ossis ischii – Nr.: 11
    - Ramus ossis ischii – Nr.: 14
    - Tuber ischiadicum – Nr.: 13
    - Incisura ischiadica major – Nr.: 15
    - Incisura ischiadica minor – Nr.: 16
    - Spina ischiadica – Nr.: 12
  - **Os ilium**
    - Corpus ossis ilii – Nr.: 1
    - Ala ossis ilii – Nr.: 2
      - Crista iliaca – Nr.: 3
        - Spina iliaca anterior superior – Nr.: 4
        - Spina iliaca anterior inferior – Nr.: 5
        - Spina iliaca posterior superior – Nr.: 6
        - Spina iliaca posterior inferior – Nr.: 7
      - Fossa iliaca – Nr.: 2/1
      - Facies glutaealis – Nr.: 2/2

03-38. Os coxae (Geburtshilfe) **[30]**

1. Aufbau des „Os coxae“! (21)

Os ilium	Os ischii
• Corpus ossis ilii	• Corpus ossis ischii
• Ala ossis ilii	• Spina ischiadica
• Fossa iliaca	• Tuber ischiadicum
• Crista iliaca	• Ramus ossis ischii
• **Spina iliaca anterior superior**	• Incisura ischiadica major
• **Spina iliaca anterior inferior**	• Incisura ischiadica minor
• **Spina iliaca posterior superior**	**Os pubis**
• **Spina iliaca posterior inferior**	• Corpus ossis pubis
• Articulatio sacroiliaca	• Ramus superior ossis pubis
• Linea arcuata	• Ramus inferior ossis pubis
	• Symphysis pubica

2. Merkmale des weiblichen Beckens! (4)

- Breit,
- innen weit,
- flach,
- Winkel zwischen den unteren Schambeinästen ist groß.

3. Markante Punkte, die die Linea terminalis bilden! (5)

- Promontorium,
- Linea arcuata,
- Ramus superior ossis pubis,
- Oberrand der Symphysis pubica.

03-39. Beckenmaße (Geburtshilfe) [35]

Beckeneingangsraum

Form von oben: queroval	Form von der Seite: schmaler Spalt

Bezeichnung des Maßes	Länge	gemessen von ↔ bis
1. Conjugata vera anatomica	11 cm	Promontorium ↔ Oberrand der Symphysis pubica
2. Conjugata vera obstetrica	11 cm	Promontorium ↔ am weitesten vorspringender Teil der Symphysis pubica
3. Diameter transversa	13 cm	Linea terminalis dextra et sinistra (Maximalwert)
4. Diameter obliqua 1	12,5 cm	Pecten ossis pubis sinistra ↔ Articulatio ileo-sacralis dextra
5. Diameter obliqua 2	12,5 cm	Pecten ossis pubis dextra ↔ Articulatio ileo-sacralis sinistra

Beckenhöhle

Form von oben: rund	Form von der Seite: keilförmig

Bezeichnung des Maßes	Länge	gemessen von □ bis
keine	13 cm	da rund, keine markanten Punkte

Beckenausgangsraum

Form von oben: längsoval	Form von der Seite: dreieckförmig

Bezeichnung des Maßes	Länge	gemessen von □ bis
1. gerader Durchmesser	9,5 – 11,5 cm	Unterrand der Symphysis pubica □ distales Ende des Os coccygis
2. querer Durchmesser	10,5 cm	zwischen Spina ischiadica dextra et sinistra

Äußere Beckenmaße

Bezeichnung des Maßes	Länge	gemessen von □ bis
1. Distantia spinarum	26 cm	zwischen Spina iliaca anterior superior dextra et sinistra
2. Distantia cristarum	28 cm	zwischen Crista iliaca dextra et sinistra (Maximalabstand)
3. Distantia trochanterum	32 cm	zwischen Trochanter major dextra et sinistra
4. Conjugata externa	21 cm	Oberrand der Symphysis pubica ↔ Processus spinosus vertebrae lumbalis 5

03-40. Beckendurchmesser (Geburtshilfe) [10]

Nr.	deutsche Bezeichnung	Fachbezeichnung
23	Beckendurchmesser vom oberen Symphysenrand zum Promontorium	**Conjugata vera anatomica**
24	Beckendurchmesser vom Promontorium zur Hinterfläche der Schambeinfuge	**Conjugata vera obstetrica**
25	querer Beckendurchmesser	**Diameter transversa**
26	1. schräger Beckendurchmesser	**Diameter obliqua 1**
27	2. schräger Beckendurchmesser	**Diameter obliqua 2**
28	Durchmesser zwischen den beiden vorderen oberen Darmbeinstacheln	**Distantia spinarum**
29	Durchmesser zwischen den beiden Darmbeinkämmen	**Distantia cristarum**
30	Rollhügeldurchmesser	**Distantia trochanterica**
31	Durchmesser zwischen 5. Lendenwirbel-dornfortsatz und Symphysenoberrand	**Conjagata externa**
32	**gerader Durchmesser des Beckenausgangs**	**gerader Durchmesser des Beckenausgangs**

03-41. Beckenaufbau [21]

Nr.	deutsche Bezeichnung	Fachbezeichnung
1	Darmbeinkörper	**Corpus ossis ilii**
2	Darmbeinschaufel	**Ala ossis ilii**
2/1	Darmbeingrube	**Fossa iliaca**
3	Darmbeinkamm	**Crista iliaca**
4	vorderer oberer Darmbeinstachel	**Spina iliaca anterior superior**
5	vorderer unterer Darmbeinstachel	**Spina iliaca anterior inferior**
6	hinterer oberer Darmbeinstachel	**Spina iliaca posterior superior**
7	hinterer unterer Darmbeinstachel	**Spina iliaca posterior inferior**
8	**unterer Schambeinast**	Ramus inferior ossis pubis
9	Schambeinkörper	**Corpus ossis pubis**
9/1	**oberer Schambeinast**	Ramus superior ossis pubis
10	Schambeinfugenfläche	Facies symphysialis
11	Sitzbeinkörper	**Corpus ossis ischii**
12	**Sitzbeinstachel**	Spina ischiadica
13	**Sitzbeinhöcker**	Tuber ischiadicum
14	**Sitzbeinast**	Ramus ossis ischii
15	großer Sitzbeineinschnitt	Incisura ischiadica major
16	kleiner Sitzbeineinschnitt	Incisura ischiadica minor
17	Hüftgelenkpfanne	**Acetabulum**
18	**verstopftes Loch**	Foramen obturatum

Nr.	deutsche Bezeichnung	Fachbezeichnung
19	Kreuzbein	**Os sacrum**
20	Steißbein	**Os coccygis**
21	Schambeinfuge	**Symphysis pubica**
22	**Kreuzbein-Darmbein-Gelenk**	Articulatio sacroiliaca

03-42. Beckenaufbau (Geburtshilfe) [23]

Nr.	deutsche Bezeichnung	Fachbezeichnung
1	Darmbeinkörper	**Corpus ossis ilii**
2	Darmbeinschaufel	**Ala ossis ilii**
2/1	Darmbeingrube	**Fossa iliaca**
3	Darnbeinkamm	**Crista iliaca**
4	vorderer oberer Darmbeinstachel	**Spina iliaca anterior superior**
5	vorderer unterer Darmbeinstachel	**Spina iliaca anterior inferior**
6	hinterer oberer Darmbeinstachel	**Spina iliaca posterior superior**
7	hinterer unterer Darmbeinstachel	**Spina iliaca posterior inferior**
8	unterer Schambeinast	**Ramus inferior ossis pubis**
9	Schambeinkörper	**Corpus ossis pubis**
9/1	oberer Schambeinast	**Ramus superior ossis pubis**
10	Schambeinfugenfläche	**Facies symphysialis**
11	Sitzbeinkörper	**Corpus ossis ischii**
12	Sitzbeinstachel	**Spina ischiadica**
13	Sitzbeinhöcker	**Tuber ischiadicum**
14	Sitzbeinast	**Ramus ossis ischii**
15	großer Sitzbeineinschnitt	**Incisura ischiadica major**
16	kleiner Sitzbeineinschnitt	**Incisura ischiadica minor**
17	Hüftgelenkpfanne	**Acetabulum**
18	verstopftes Loch	**Foramen obturatum**
19	Kreuzbein	**Os sacrum**
20	Steißbein	**Os coccygis**
21	Schambeinfuge	**Symphysis pubica**
22	Kreuzbein-Darmbein-Gelenk	**Articulatio sacroiliaca**

03-43. bis 50. MC-Fragen [15]

03-43. c, d	03-44. b, c	03-45. a, d	03-46. a, d
03-47. b, c	03-48. a, b	03-49. a, b	03-50. c

03-51. Beschriftung der unteren Extremität [20]

Nr.	deutsche Bezeichnung	Fachbezeichnung
1	Oberschenkelkopf	**Caput femoris**
2	Oberschenkelhals	**Collum femoris**
3	großer Rollhügel	**Trochanter major**
4	kleiner Rollhügel	**Trochanter minor**
5	Schaft des Oberschenkelknochens	**Corpus femoris**
6	innerer Gelenkknorren	**Condylus medialis**
7	äußerer Gelenkknorren	**Condylus lateralis**
8	innerer Obergelenkknorren	**Epicondylus medialis**
9	äußerer Obergelenkknorren	**Epicondylus lateralis**
10	Gelenkknorrengrube	**Fossa intercondylaris**
11	Kniekehlenfläche	**Facies poplitea**
12	Kniescheibe	**Patella**
13	innerer Gelenkknorren des Schienbeins	**Condylus medialis tibiae**
14	äußerer Gelenkknorren des Schienbeins	**Condylus lateralis tibiae**
15	Schienbeinkörper	**Corpus tibiae**
16	**untere Schienbeingelenkfläche**	Facies articularis inferior tibiae
17	**mittlerer Knöchel**	Malleolus medialis
18	Wadenbeinkopf	**Caput fibulae**
19	Wadenbeinkörper	**Corpus fibulae**
20	**seitlicher Knöchel**	Malleolus lateralis
21	Malleolengabel	Malleolengabel
22	Fußwurzelknochen	**Tarsus**
23	Mittelfußknochen	**Metatarsus**
24	Zehenknochen	**Ossa digitorum pedis**

03-52. Beschriftung des Schädels [21]

Nr.	deutsche Bezeichnung	Fachbezeichnung
1	Stirnbein	**Os frontale**
2	Scheitelbein	**Os parietale**
3	Schläfenbein	**Os temporale**
3/1	**Warzenfortsatz**	Processus mastoideus
3/2	äußerer Gehörgang	Meatus acusticus externus
3/3	Griffelfortsatz	Processus styloideus
3/4	**Felsenbein**	Pars petrosa
4	Hinterhauptbein	**Os occipitale**
4/1	großes Hinterhauptloch	**Foramen occipitale magnum**

Nr.	deutsche Bezeichnung	Fachbezeichnung
5	Keilbein	**Os sphenoidale**
5/1	**Türkensattel**	Sella turcica
6	Jochbein	**Os zygomaticum**
7	Nasenbein	**Os nasale**
8	Tränenbein	**Os lacrimale**
9	Augenhöhle	**Orbita**
10	Oberkiefer	**Maxilla**
11	Unterkiefer	**Mandibula**
12/1	**Siebbeinplatte**	Lamina cribrosa ossis ethmoidalis
12/2	**Hahnenkamm**	Crista galli
13	vordere Schädelgrube	**Fossa cranii anterior**
14	mittlere Schädelgrube	**Fossa cranii media**
15	hintere Schädelgrube	**Fossa cranii posterior**

03-53. bis 59. MC-Fragen [12]

03-53. d	03-54. b	03-55. a, c	03-56. a, b
03-57. c, d	03-58. a, c	03-59. b, d	

03-60. Beschriftung des Säuglingsschädels [5]

Nr.	deutsche Bezeichnung	Fachbezeichnung
18	vordere Fontanelle	**Fonticulus anterior**
19	hintere Fontanelle	**Fonticulus posterior**
20	Kranznaht	**Sutura coronalis**
21	Pfeilnaht	**Sutura sagittalis**
22	Lambdanaht	**Sutura lambdoidea**

03-61. Fontanellen (Geburtshilfe) [10]

Bezeichnung der Fontanelle	Größe/Form	Zeitpunkt des Schließens
Fonticulus anterior	20 – 30 mm lang, rhombemförmig	bis 36. Lebensmonat
Fonticulus posterior	kleiner, dreieckförmig	bis 3. Lebensmonat
(1. Seitenfontanelle) Fonticulus sphenoidalis	(nicht ausfüllen)	6. Lebensmonat
(2. Seitenfontanelle) Fonticulus mastoideus	(nicht ausfüllen)	18. Lebensmonat

03-62. Vergleich Schultergelenk – Hüftgelenk [20]

	Schultergelenk	Hüftgelenk
1. beteiligte Knochenstrukturen	• Cavitas glenoidalis scapulae • Caput humeri	• Acetabulum • Caput femoris
2. Kontaktflächen	• klein, da • Caput humeri groß • Cavitas glenoidalis klein (durch Gelenklippe etwas vergrößert)	• groß, da • Caput femoris zu 3/4 von Acetabulum umgeben
3. Knochenführung	• kaum • hauptsächlich Muskelführung	• stark ausgeprägt
4. Gelenkkapsel	• weit	• eng
5. Art des Gelenks und Bewegungen	• Kugelgelenk mit großem Bewegungsumfang • Bewegung um 3 Achsen • Umfang wird unterstützt durch Beweglichkeit des Schultergürtels	• Kugelgelenk mit vergleichbar kleinerem Bewegungsumfang (Nußgelenk) • Bewegung um 3 Achsen • da Beckengürtel in sich fast unbeweglich ist, erfolgt keine Unterstützung des Bewegungsumfanges
6. Stabilität	• klein (ermöglicht freie Bewegung der oberen Extremität)	• erheblich (ermöglicht Standfestigkeit) • überträgt große Kräfte des Rumpfes auf die untere Extremität

03-63. Vergleich Ellenbogengelenk – Kniegelenk

[24]

	Ellenbogengelenk	Kniegelenk
1. beteiligte Knochenstruktur	• 3 Teilgelenke • Capitulum humeri → Caput radii • Trochlea humeri → Incisura trochlearis ulnae • Caput radii → Incisura radialis ulnae	• 3 Teilgelenke 1. Condylus medialis et lateralis femoris → Condylus medialis et lateralis tibiae 2. Facies patellaris femoris → Patella 3. Gelenkscheiben → Gelenkkörper
2. Kontaktflächen	• exakte Knochenführung zwischen Trochlea humeri und Incisura trochlearis	• Kondylen von Femur und Tibia stehen im Mißverhältnis • daher 2 halbmondförmige Gelenkzwischenscheiben (Meniscus medialis et lateralis)
3. Knochenführung	• Extension nur bis 180°, dann gelangt Olecranon in die Fossa olecrani	• bei maximaler Extension bilden die Menisci einen Keil → Schutz vor Überstreckung
4. Gelenkkapsel	• überzieht alle 3 Teilgelenke • Verstärkung durch Bänder	• überzieht straff beide Teilgelenke • durch Bänder vorn, hinten und seitlich verstärkt
5. Art des Gelenks und Bewegungen	• Oberarm-Speichen-Gelenk → Drehwinkelgelenk (Flexion und Extension sowie Pronation und Supination) • Oberarm-Ellen-Gelenk → Scharniergelenk (Flexion und Extension) • Ellen-Speichen-Gelenk → Drehgelenk (Pronation und Supination)	• Hauptgelenk → zweiachsiges Gelenk • Flexion und Extension sind gut ausgeprägt • Drehbewegung ist gering und nur im gebeugten Kniegelenk möglich
6. Stabilität	• geringer als Kniegelenk (ermöglicht freie Bewegung des Unterarms)	• groß (ermöglicht Standfestigkeit) • überträgt große Kräfte des Rumpfes auf die Unterschenkel

03-64. Beschriftung des Beckenbodens (Geburtshilfe) [20]

Nr.	deutsche Bezeichnung	Fachbezeichnung
1	Eichel des Kitzlers	**Glans clitoridis**
2	Scheideneingang	**Ostium vaginae**
3	äußere Harnröhrenöffnung	**Ostium urethrae externum**
4	kleine Schamlippe	**Labium minus pudendi**
5	oberflächlicher querer Dammuskel	**M. transversus perinei superficialis**
6	äußerer Afterschließmuskel	**M. sphincter ani externus**
7	Afterheber	**M. levator ani**
8	After-Steißbein-Band	**Ligamentum anococcygeum**
9	Steißbein	**Os coccygis**
10	großer Gesäßmuskel	M. gluteus maximus
11	Beckenfaszie auf dem inneren Hüftlochmuskel	**Fascia obturatoria**
12	Sehnenzentrum des Damms	**Centrum tendineum perinei**
13	tiefer querer Dammuskel	**M. transversus perinei profundus**
14	Schwellkörpermuskel	**M. bulbospongiosus**
15	Sitzbein-Schwellkörpermuskel	**M. ischiocavernosus**
16	schlanker Muskel	M. gracilis
17	Schambeinfuge	**Symphysis pubica**
18	Spalt für Harnröhre und Scheide im Afterhebermuskel	**Levatorspalt**
19	Spalt für Mastdarm im Afterhebermuskel	**Levatorschlinge**
20	Grenzlinie	**Linea terminalis**
21	Steißbeinmuskel	**M. coccygeus**
22	Kreuzbein	**Os sacrum**

03-65. Arbeitsblatt „Beckenboden“ (Geburtshilfe) [44]

1. Diaphragma pelvis (innerste Schicht)	
• **Funktion:** bildet den kaudalen Abschluß der Bauchhöhle (1)	
• **Form:** stellt eine trichterförmige Muskelplatte dar (1)	
• **Abschnitte:** 1.1 M. levator ani 1.2 M. coccygeus	• **Nummerierung:** Nr.: 7 Nr.: 21

1.1 Beschreibung zum M. levator ani

Ursprung	Verlauf	Ansatz
(3) • dorsale Fläche des Schambeins • Foramen obturatum • Spina ischiadica	(1) • Levatormuskeln beider Seiten ziehen dorsal	(3) • vereinigen sich hinter dem Rektum • bilden Levatorschlinge um das Rektum • Levatorschlinge über Sehnenplatte am Steißbein befestigt
	(1) • prärektale Fasern ziehen vor dem Rektum in den Raum zwischen Vagina und Rektum	(2) • Levatorspalt bildet Platz für Urethra, Vagina und Rektum • Levatorspalt wird begrenzt von Levatorschenkeln

1.2 Beschreibung zum M. coccygeus

Ursprung	Verlauf	Ansatz
(1) • Spina ischiadica	(1) • verläuft dorsal vom M. levator ani	(1) • Os coccygis

2. Diaphragma urogenitale (mittlere Schicht)	
• **Funktion:** sichert nach kaudal den Levatorspalt, durch den sonst Eingeweide treten können (1)	
• **Form:** horizontal gestellte ebene, dreieckförmige Platte (1)	
• **Abschnitte:** 2.1 M. transversus perinei profundus (1) 2.2 kranial und kaudal bedeckende Platte 2.3 Raum zwischen den beiden Faszien (Spatium perinei profundum)	• **Nummerierung:** Nr.: 13 keine keine

2.1 M. transversus perinei profundus (1)

Ursprung	Verlauf	Ansatz
(2) • Ramus inferior ossis pubis • Ramus ossis ischii	(1) • verläuft medial	(1) • Muskeln beider Seiten umschließen Urethra und Vagina

3. Dammuskulatur (äußere Schicht)		
• **Funktion:** (2) • Schließmuskulatur • M. ischiocavernosus drückt bei sexueller Erregung das Blut in den Schwellkörper nach vorn		
• **Form:** (1) • M. sphincter ani externus et M. bulbospongiosus bilden eine Achtertour von Muskelzügen um Rektum und Introitus vaginae		
• **Abschnitte:** 3.1 M. spincter ani externus 3.2 M. bulbospongiosus 3.3 M. ischiocavernosus 3.4 M. transversus perinei superficialis	• **Nummerierung:** Nr.: 6 (1) Nr.: 14 (1) Nr.: 15 (1) Nr.: 5 (1)	
3.1 Beschreibung zum M. spincter ani externus		
Ursprung	**Verlauf**	**Ansatz**
(1) • Ligamentum anococcygeum	(1) • um das Rektum herum	(1) • Centrum tendineum perinei
3.2 Beschreibung zum M. bulbospongiosus		
Ursprung	**Verlauf**	**Ansatz**
(1) • Centrum tendineum perinei	(1) • um Introitus vaginae	(1) • Centrum tendineum perinei
3.3 Beschreibung zum M. ischiocavernosus		
Ursprung	**Verlauf**	**Ansatz**
(1) • Ramus ossis ischii	(1) • lateral vom M. bulbospongiosus nach ventral medial ziehend	(1) • Crus clitoridis
3.4 Beschreibung zum M. transversus perinei superficialis		
Ursprung	**Verlauf**	**Ansatz**
(1) • Tuber ischiadicum	(1) • dorsaler Rand des urogenitale Diaphragma	(1) • Centrum tendineum perinei

03-66. Muskeln, die der Atmung dienen [6]

Muskeln, die der Atmung dienen	
Inspiration	**Exspiration**
• Diaphragma	• Mm. intercostales interni
• Mm. scaleni	• Mm. subcostales
• Mm. intercostales externi	• Mm. transversus thoracis
• Mm. intercartilaginei	• Mm. transversus abdominis
• M. sternocleidomastoideus	• M. latissimus dorsi

Herz- und Kreislaufsystem
Antworten

04-01. Lage des Herzens [11]

• im Thorax, im mittleren unteren Mediastinum		
• 2/3 links		
• 1/3 rechts		
• Basis cordis im 2. Intercostalraum		
• Apex cordis im 5. Intercostalraum in der Medioclavicularlinie		
• Herzachse von rechts oben, hinten → links unten, vorn		
• Nachbarschaftsbeziehungen:		
• rechter Vorhof	< >	rechte Lunge
• rechte Herzkammer	< >	Brustbein, Zwerchfell
• linker Vorhof	< >	Speiseröhre, Brustaorta
• linke Herzkammer	< >	linke Lunge

04-02. Beziehung der Herzklappen zu den Hohlräumen [8]

Bezeichnung	Lage
• Valva tricuspidalis	zwischen Atrium dextrum und Ventriculus dexter
• Valve bicuspidalis (mitralis)	zwischen Atrium sinistrum und Ventriculus sinister
• Valva trunci pulmonalis	an der Grenze Ventriculus dexter und Truncus pulmonalis
• Valva aortae	an der Grenze Ventriculus sinister und Aorta

04-03. Gefäße der Herzbasis [9]

Hohlräume	Gefäße der Herzbasis
• Atrium dextrun	V. cava superior / V. cava inferior
• Atrium sinistrum	4 Vv. pulmonales
• Ventriculus dexter	Truncus pulmonalis
• Ventriculus sinister	Aorta

04-04. Form und äußerlich erkennbare Strukturen des Herzens [8]

• kegelförmig	
• kaudal	→ Apex cordis
• kranial	→ Basis cordis
• medial vom Atrium dextrum	→ Auricula dextra
• lateral vom Atrium sinistrum	→ Auricula sinistra
• zwischen den Vorhöfen und den Kammern	→ Sulcus coronarius mit Aa. coronariae

04-05. Schichtaufbau des Herzens [15]

Schicht	Struktur/Lage
• Endokard	– innerste Schicht
	– besteht aus einschichtigem Plattenepithel
	– hat eine spiegelglatte Oberfläche
	– wird durch Bindegewebe mit dem Myokard verbunden
• Myokard	– besteht aus Herzmuskelgewebe
	– Myokard der Vorhöfe vom Myokard der Kammern getrennt
	– Dicke richtet sich nach Beanspruchung:
	→ in den Vorhöfen dünn
	→ in den Kammern dick
	→ linke Kammer dicker als rechte
• Epikard	– außen: einschichtiges Plattenepithel
	– innen: Bindegewebe und Fettgewebe zum Ausgleich von Unebenheiten und zur Fixierung mit dem Myokard
	– geht im Bereich der Herzbasis durch eine Umschlagfalte in das Perikard über

04-06. Aufbau der Segelklappen [6]

• Valva tricuspidalis besteht aus	3 Segeln (Cuspides)
• Valva bicuspidalis (mitralis) besteht aus	2 Segeln
• Segel fixieren sich in einem bindegewebigen Ring (Anulus fibrosus) in der Ventilebene	
• bestehen aus einer Doppellage Endokard	
• durch bindegewebige Stränge (Chordae tendinae) mit Papillarmuskeln der Kammern verbunden	

04-07. Aufbau der Taschenklappen [4]

• Valva aortae und Valva trunci pulmonalis bestehen aus 3 halbmondförmigen Taschen (Valvulae semilunares)
• Taschen fixieren sich in einem bindegewebigen Ring (Anulus fibrosus) in der Ventilebene
• besten aus einer Doppellage der Arterieninnenhaut (Intima)
• freie Ränder sind bindegewebig verstärkt

04-08. Verlauf und Versorgungsgebiete der Herzkranzgefäße [12]

1. Arterien:	1.1 A. coronaria dextra
	• entspringt aus dem Pars ascendens aortae in Höhe der Valva aortae auf der rechten Seite
	• verläuft im Sulcus coronarius auf die rechte Seite, zieht zur Hinterwand und anschließend zur Herzspitze
	• gibt zahlreiche Äste ab
	• versorgt Ventriculus dexter, Atrium dextrum und Hinterwand des Ventriculus sinister
	1.2 A. coronaria sinistra
	• entspringt aus dem Pars ascendens aortae in Höhe der Valva aortae auf der linken Seite
	• verläuft zwischen Truncus pulmonalis und Auricula sinistra auf die linke Seite
	• teilt sich in einen absteigenden Ast, der zwischen den beiden Herzkammern in Richtung Herzspitze zieht, versorgt den Ventriculus sinister
	• und in einen umbiegenden Ast, der zur Hinterwand des Herzens zieht, versorgt das Atrium sinistrum
2. Venen:	Sinus coronarius
	• ein Großteil der Venen begleitet die Arterien
	• diese Venen münden in den Sinus coronarius, der an der Hinterwand des Herzens verläuft und in das Atrium dextrum mündet

04-09. Beschriftung [18]

Nr.	deutsche Bezeichnung	Fachbezeichnung
3	rechte Herzkammer	**Ventriculus dexter**
4	linke Herzkammer	**Ventriculus sinister**
5	rechtes Herzohr	**Auricula dextra**
6	linkes Herzohr	**Auricula sinistra**
7	obere Hohlvene	**V. cava superior**
8	untere Hohlvene	**V. cava inferior**
9	Stamm der Lungenarterie	**Truncus pulmonalis**
10	Lungenarterien	**Aa. pulmonales**
11	Lungenvenen	**Vv. pulmonales**
12	Hauptschlagader	**Aorta**
13	Stamm der Kopf-Arm-Arterie	**Truncus brachiocephalicus**
14	rechte und linke Schlüsselbeinarterie	**A. subclavia dextra et sinistra**
15	rechte und linke gemeinsame Kopfarterie	**A. carotis communis dextra et sinistra**
16	rechte und linke Arm-Kopf-Vene	**V. brachiocephalica dextra et sinistra**
17	rechte und linke Schlüsselbeinvene	**V. subclavia dextra et sinistra**
18	rechte und linke innere Drosselvene	**V. jugularis interna dextra et sinistra**
19	rechte Herzkranzarterie	**A. coronaria dextra**
20	linke Herzkranzarterie	**A. coronaria sinistra**

04-10. Beschriftung [24]

Nr.	deutsche Bezeichnung	Fachbezeichnung
1	rechter Vorhof	**Atrium dextrum**
2	linker Vorhof	**Atrium sinistrum**
3	rechte Herzkammer	**Ventriculus dexter**
4	linke Herzkammer	**Ventriculus sinister**
5	Hauptschlagader	**Aorta**
6	Stamm der Lungenarterie	**Truncus pulmonalis**
7	obere Hohlvene	**V. cava superior**
8	untere Hohlvene	**V. cava inferior**
9	Lungenvenen	**Vv. pulmonales**
10	zweizipflige Segelklappe	**Valva bicuspidalis (mitralis)**
11	dreizipflige Segelklappe	**Valva tricuspidalis**
12	Aortenklappe	**Valva aortae**
13	Lungenarterienklappe	**Valva trunci pulmonalis**
14	Kammerscheidewand	**Septum interventriculare**
15	Herzinnenhaut	**Endokard**
16	Herzmuskelschicht	**Myokard**
17	Inneres Herzbeutelblatt	**Epikard**
18	äußeres Herzbeutelblatt	**Perikard**
19	Spalt zw. innerem u. äußerem Herzbeutelblatt	**Perikardspalt**
20	Stamm der Kopf-Arm-Arterie	**Truncus brachiocephalicus**
21	rechte gemeinsame Kopfarterie	**A. carotis communis dextra**
22	rechte Schlüsselbeinarterie	**A. subclavia dextra**
23	linke gemeinsame Kopfarterie	**A. carotis communis sinistra**
24	linke Schlüsselbeinarterie	**A. subclavia sinistra**

04-11. bis 18. MC-Fragen [16]

04-11. a, d	04-12. b, d	04-13. a, d	04-14. b, c
04-15. a, c	04-16. b, c	04-17. a, c	04-18. c, d

04-19. Beschriftung des Erregungsbildungs- und leitungssystems [6]

Nr.	deutsche Bezeichnung	Fachbezeichnung
25	**Sinusknoten**	Nodus sinuatrialis
26	**Vorhof-Kammer-Knoten** (AV-Knoten)	Nodus atrioventricularis
27	**His-Bündel**	Truncus fasciculi atrioventricularis
28	**rechter und linker Kammerschenkel**	Crus dextrum et sinistrum
29	Purkinje Fasern	Purkinje Fasern
30	**Herzskelett**	Anuli fibrosi

04-20. Arbeitsblatt „Erregungsbildung und -leitung am Herzen [23]

Abschnitt	Lage	Funktion
1. Sinusknoten	• in der Wand des Atrium dextrum • an der Einmündung der V. cava superior • liegt dem Myokard an	• bildet selbständig Erregungen • leitet Erregungen an Vorhofmyokard weiter
2. AV-Knoten	• im Atrium dextrum • oberhalb der Valva tricuspidalis • am Septum interatriale	• nimmt Erregungen des Vorhofmyokards auf • kurze Verzögerung • Weiterleitung in das His-Bündel
3. His-Bündel	• zieht vom AV-Knoten durch das Herzskelett in das Septum interventriculare hinein	• Weiterleitung der Erregung
4. rechter und linker Kammerschenkel	• ziehen im Septum interventriculare auf der jeweiligen Kammerseite in Richtung Herzspitze	• Weiterleitung der Erregung
5. Purkinje Fasern	• ziehen von den Kammerschenkeln in das Kammermyokard und zu den Papillarmuskeln	• Weiterleitung der Erregung • Übertragung der Erregung

04

04-21. Herzmechanik [30]

Phase/Vorgang	
1. Systole	1.1 Ausgangssituation zu Beginn der Systole (5)
	• Kammern mit Blut gefüllt • Taschenklappen geschlossen • Kammermuskulatur erschlafft • Druck fast Null Torr • Segelklappen noch offen
	1.2 Anspannungsphase (5)
	• Kammermuskulatur kontrahiert (isovolumetrische Kontraktion) • Kammerdruck erhöht sich geringfügig • Segelklappen schließen sich • weitere Druckerhöhung auf ca. 80 Torr
	1.3 Austreibungsphase (12)
	• Taschenklappen werden durch Druck geöffnet, Druck steigt bis auf ca. 130 Torr in linker Kammer, 25 Torr in rechter Kammer • auxotonische Kontraktion • Schlagvolumen wird in die Aorta bzw. in den Truncus pulmonalis gepumpt (ca. 60 ml) • Ventilebene in Richtung Herzspitze • Vorhöfe vergrößern sich • in den Vorhöfen ist Unterdruck • Blut wird aus den herznahen Venen angesaugt • anschließend Druckabfall in der Kammer bis auf ca. 80 Torr • Taschenklappen schließen sich
2. Diastole	2.1 Entspannungsphase (4)
	• Kammermuskulatur entspannt sich • Kammerdruck fällt ab auf ca. Null Torr • Ventilebene in Richtung Herzbasis
	2.2 Füllungsphase (4)
	• Vorhofmuskulatur kontrahiert, geringfügiger Druckanstieg in den Vorhöfen • Segelklappen öffnen sich • Kammern werden mit Blut gefüllt

04-22. Arbeitsblatt „Herzmechanik“ [28]

Phase	Vorhöfe			Kammern		
	Segelklappen	Kontraktion	Füllung	Taschenklappen	Kontraktion	Füllung
1. Anspannungsphase	• schließen sich	• erschlafft	• leer	• geschlossen	• kontrahiert	• 120 ml
2. Austreibungsphase	• geschlossen	• erschlafft • vergrößern sich	• Sogwirkung • Blut wird aus herznahen Venen angesaugt	• werden durch Druck eröffnet	• kontrahiert • Ventilebene in Richtung Herzspitze	• 60 ml Schlagvolumen werden in die Aorta gepumpt
3. Entspannungsphase	• geschlossen	• erschlafft	• gefüllt	• werden durch erhöhten Aortendruck geschlossen	• erschlaffen • Ventilebene wieder in Richtung Herzbasis	• 60 ml
4. Füllungsphase	• werden durch erhöhten Vorhofdruck geöffnet	• kontrahiert	• geben Blut an Kammer	• geschlossen	• erschlafft	• 120 ml

04-23. bis 32. MC-Fragen [18]

04-23. c, d	04-24. c, d	04-25. a, b	04-26. a, d	04-27. a, b
04-28. a, c	04-29. b, d	04-30. b, d	04-31. b, c	04-32. a, c

04-33. Grafik „Lungenkreislauf“ [7]

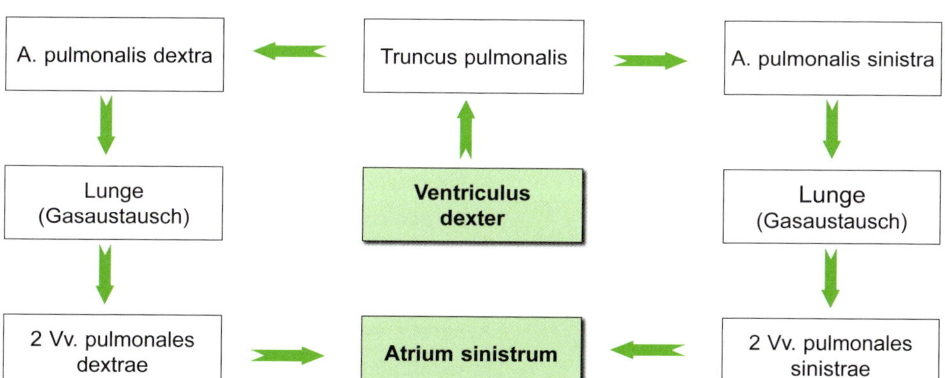

04-34. Grafik „Aortenbogen" (je ein halber Punkt) **[8]**

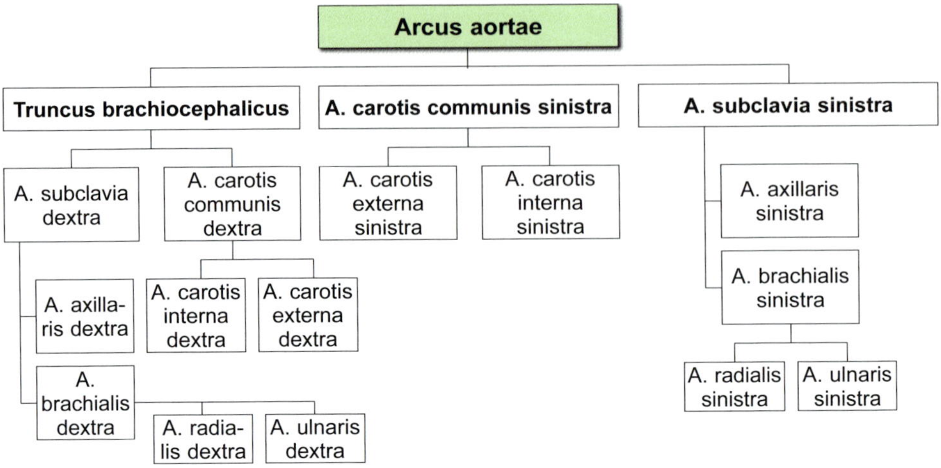

04-35. Tabelle „Pars thoracica aortae descendentis" **[5]**

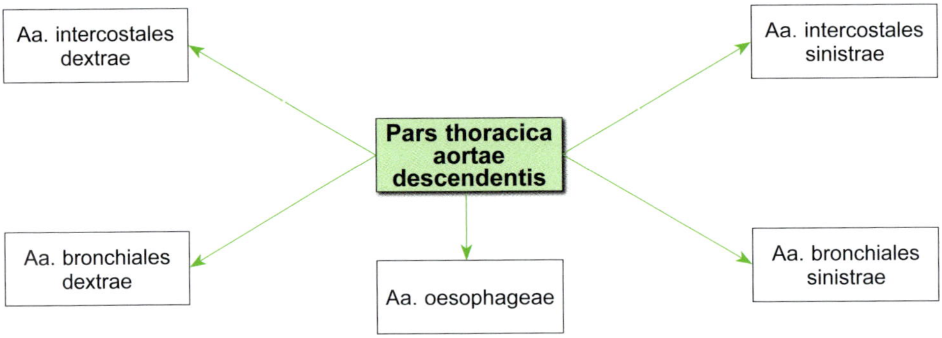

04-36. Beschriftung der Abbildung **[16]**

Nr.	deutsche Bezeichnung	Fachbezeichnung
1	aufsteigende Aorta	**Pars ascendens aortae**
2	Aortenbogen	**Arcus aortae**
3	Brustaorta	**Pars thoracica aortae descendentis**
4	Aortenklappe	**Valva aortae**
5	Stamm der Kopf-Arm-Arterie	**Truncus brachiocephalicus**
6	rechte Schlüsselbeinarterie	**A. subclavia dextra**
7	rechte gemeinsame Kopfarterie	**A. carotis communis dextra**
8	linke gemeinsame Kopfarterie	**A. carotis communis sinistra**
9	linke Schlüsselbeinarterie	**A. subclavia sinistra**
10	linke äußere Kopfarterie	**A. carotis externa sinistra**
11	linke innere Kopfarterie	**A. carotis interna sinistra**

Nr.	deutsche Bezeichnung	Fachbezeichnung
12	linke Gesichtsarterie	A. facialis sinistra
13	linke oberflächliche Schläfenbeinarterie	A. temporalis superficialis sinistra
14	**Rippenzwischenraumarterien**	Aa. intercostales
15	**linke Bronchialarterie**	A. bronchialis sinistra
16	**Speiseröhrenarterien**	Aa. oesophageae
17	**Karotissinus**	Sinus caroticus
18	Wirbelarterie	**A. vertebralis**

04-37. Beschriftung der Tabelle „Blutversorgung von Arm und Hand“ [6]

Nr.	deutsche Bezeichnung	Fachbezeichnung
2	Aortenbogen	**Arcus aortae**
9	linke Schlüsselbeinarterie	**A. subclavia sinistra**
19	Achselarterie	**A. axillaris**
20	Oberarmarterie	**A. brachialis**
21	Speichenarterie	**A. radialis**
22	Ellenarterie	**A. ulnaris**

04-38. Tabelle „Wichtige Arterien des Pars abdominalis aortae descendentis“ [7]

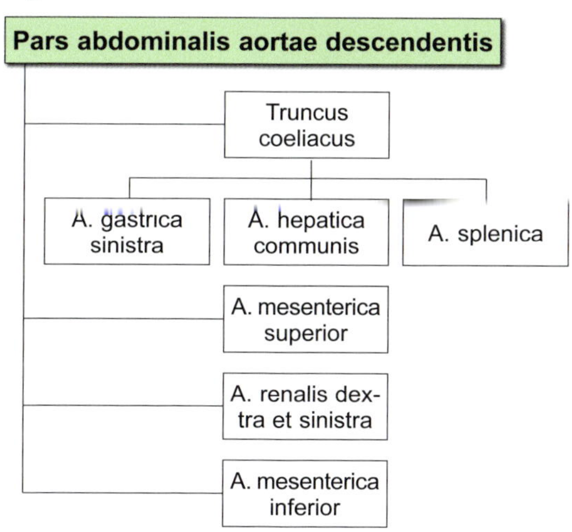

04-39. Grafik „Versorgung des Beckens“ [4]

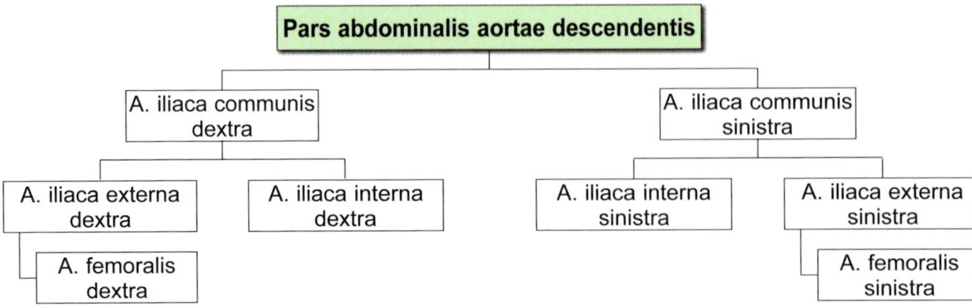

04-40. Grafik „Arterien des Beines“ [5]

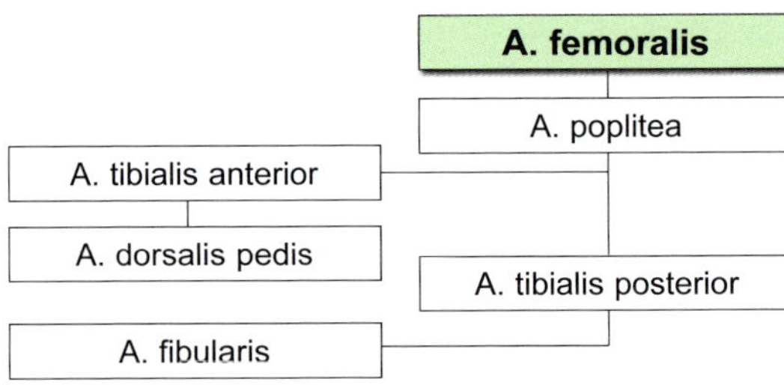

04-41. Beschriftung „Bauch- und Beckenorgane“ [17]

Nr.	deutsche Bezeichnung	Fachbezeichnung
1	aufsteigende Aorta	**Pars ascendens aortae**
2	Aortenbogen	**Arcus aortae**
3	Brustaorta	**Pars thoracica aortae descendentis**
4	Bauchaorta	**Pars abdominalis aortae descendentis**
5	obere Hohlvene	**V. cava superior**
6	untere Hohlvene	**V. cava inferior**
7	linke gemeinsame Hüftarterie	**A. iliaca communis sinistra**
8	Bauchhöhlenstamm	**Truncus coeliacus**
9	obere Gekrösearterie	**A. mesenterica superior**
10	untere Gekrösearterie	**A. mesenterica inferior**
11	rechte gemeinsame Hüftarterie	**A. iliaca communis dextra**
12	linke innere Hüftarterie	**A. iliaca interna sinistra**
13	linke äußere Hüftarterie	**A. iliaca externa sinistra**
14	linke äußere Hüftvene	**V. iliaca externa sinistra**
15	linke gemeinsame Hüftvene	**V. iliaca communis sinistra**
16/1	linke Nierenarterie	**A. renalis sinistra**
16/2	rechte Nierenarterie	**A. renalis dextra**

04-42. Tiefliegende Armvenen [4]

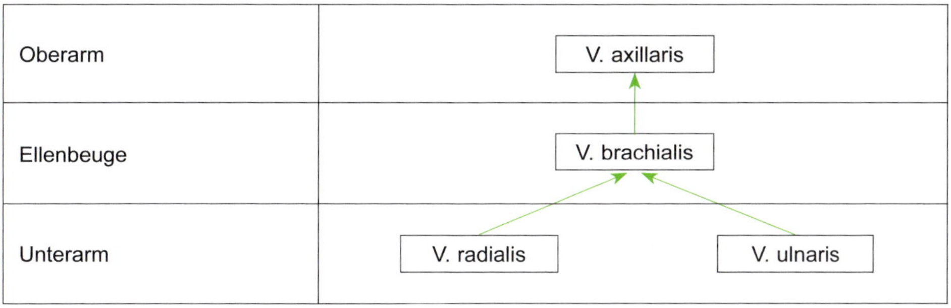

04-43. Oberflächliche Armvenen [5]

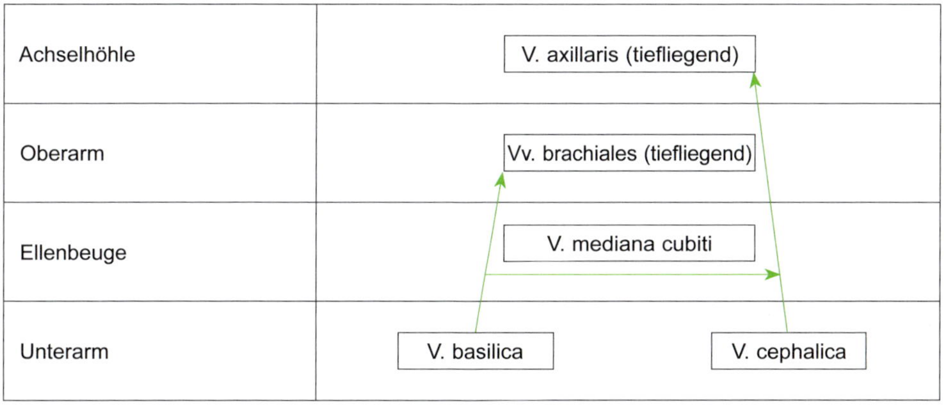

04-44. Einzugsgebiet der V. cava superior (je ein halber Punkt) [4]

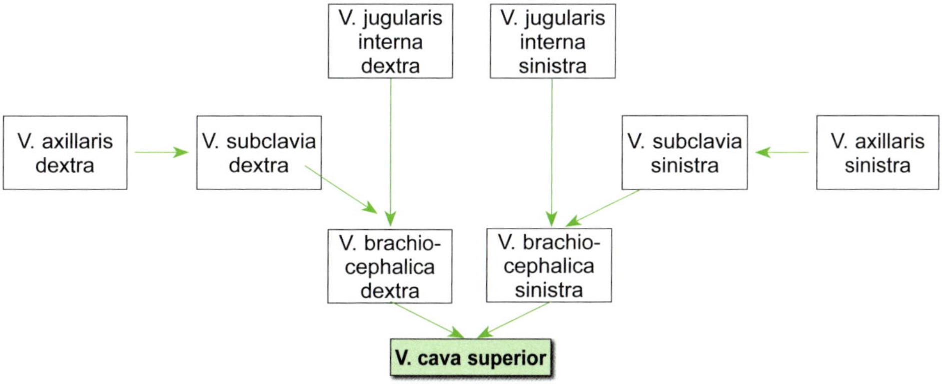

04-45. Einzugsgebiet der V. cava inferior (je ein halber Punkt) **[6]**

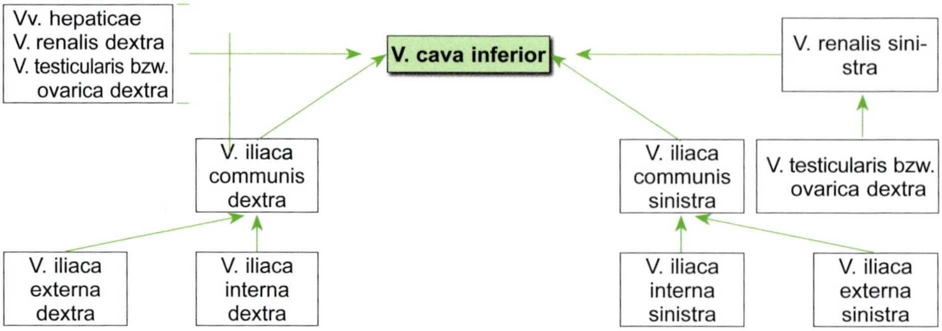

04-46. Wegbeschreibung (zur Niere) **[18]**

1	V. basilica	11	Pulmo
2	V. brachialis	12	Vv. pulmonales
3	V. axillaris	13	Atrium sinistrum
4	V. subclavia	14	Ventriculus sinister
5	V. brachiocephalica	15	Pars ascendens aortae
6	V. cava superior	16	Arcus aortae
7	Atrium dextrum	17	Pars thoracica aortae descendentis
8	Ventriculus dexter	18	Pars abdominalis aortae descendentis
9	Truncus pulmonalis	19	Aa. renales
10	A. pulmonalis		

04-47. Wegbeschreibung (zum Myokard) **[15]**

1	V. mesenterica superior	9	A. pulmonalis
2	V. portae	10	Pulmo
3	Hepar	11	Vv. pulmonales
4	Vv. hepaticae	12	Atrium sinistrum
5	V. cava inferior	13	Ventriculus sinister
6	Atrium dextrum	14	Pars ascendens aortae
7	Ventriculus dexter	15	A. coronaria dextra et sinistra
8	Truncus pulmonalis	16	Myokard

04-48. Wegbeschreibung (zur Plazenta) **[11]**

1	Pulmo	7	Pars thoracica aortae descendentis
2	Vv. pulmonales	8	Pars abdominalis aortae descendentis
3	Atrium sinistrum	9	A. iliaca communis
4	Ventriculus sinister	10	A. iliaca interna
5	Pars ascendens aortae	11	A. uterina
6	Arcus aortae	12	Uterus / Plazenta

04-49. Veränderungen des Kreislaufs zur Geburt [14]

Ursachen	Wirkungen
• Nabelschnur wird abgebunden	• Blutfluß ist unterbrochen
• Entfaltung der Lungen	• 1. Atemzug
• Unterdruck in der Lunge	• Blut wird über Aa. pulmonales angesaugt
• über Vv. pulmonales gelangt viel Blut in das Atrium sinistrum	• Druckanstieg im Atrium sinistrum
• Druck im Atrium sinistrum größer als im Atrium dextrum	• es fließt kaum noch Blut über das Foramen ovale • Verschluß nach kurzer Zeit
• Druck im Truncus pulmonalis ist kleiner als in der Aorta	• Blut fließt von der Aorta über den Ductus arteriosus in den Truncus pulmonalis • nach wenigen Tagen erfolgt ein bindegewe biger Verschluß des Ductus arteriosus

04-50. Fetalkreislauf [30]

<table>
<tr><td>1. Plazenta</td><td colspan="3">• Gasaustausch
• Anreicherung mit Nährstoffen und Abgabe von Stoffwechselendprodukten
• über die V. umbilicalis zur Leberpforte</td></tr>
<tr><td rowspan="2">2. Leber</td><td colspan="3">Leberpforte</td></tr>
<tr><td>geringer Teil
• in das Kapillargebiet der Leber
• über Vv. hepaticae in die V. cava inferior
• Mischstelle (sauerstoffarmes Blut aus dem Körperkreislauf des Feten vermischt sich mit dem sauerstoffreichen Blut aus der Plazenta kommend)</td><td colspan="2">großer Teil
• über den Ductus venosus (Kurzschlußgefäß) in die V. cava inferior
• Mischstelle</td></tr>
<tr><td rowspan="4">3. Herz</td><td colspan="3">über V. cava inferior in das Atrium dextrum</td></tr>
<tr><td rowspan="3">• bedingt durch eine Falte in der V. cava inferior gelangen 50% der Blutmenge des rechten Vorhofs über das Foramen ovale in das Atrium sinistrum
• in den Ventriculus sinister
• in Pars ascendens aortae
• in den Arcus aortae
• in Pars descendens aortae</td><td colspan="2">• hauptsächlich Blut aus der V. cava superior gelangt in den Ventriculus dexter
• in den Truncus pulmonalis</td></tr>
<tr><td>großer Teil
• über Ductus arteriosus (Kurzschlußgefäß)
• in Pars descendens aortae</td><td>geringer Teil
• A. pulmonalis
• Pulmo
• Vv. pulmonales
• Atrium sinistrum
• Ventriculus sinister
• Pars ascendens aortae
• Arcus aortae
• Pars descendens aortae</td></tr>
<tr></tr>
<tr><td>4. Plazenta</td><td colspan="3">• A. iliaca communis
• A. iliaca interna
• Abzweig der Aa. umbilicales
• Plazenta</td></tr>
</table>

04-51. Beschriftung des Fetalkreislaufs [18]

Nr.	deutsche Bezeichnung	Fachbezeichnung
1	Mutterkuchen	**Plazenta**
2	Nabelvene	**V. umbilicalis**
2/1	Mischstelle 1	**Mischstelle 1**
3	Nabel	**Umbilicus**
4	venöses Kurzschlußgefäß	**Ductus venosus**
4/1	Mischstelle 2	**Mischstelle 2**
5	Pfortader	**V. portae**
6	Lebervenen	**Vv. hepaticae**
7	untere Hohlvene	**V. cava inferior**
8	obere Hohlvene	**V. cava superior**
9	aufsteigende Aorta	**Pars ascendens aortae**
10	ovales Loch	**Foramen ovale**
11	arterielles Kurzschlußgefäß	**Ductus arteriosus**
11/1	Mischstelle 3	**Mischstelle 3**
12	Stamm der Lungenarterie	**Truncus pulmonalis**
13	Bauchaorta	**Pars abdominalis aortae descendentis**
14	innere Hüftarterie	**A. iliaca interna**
15	Nabelarterien	**Aa. umbilicales**

04-52. Windkesselfunktion der Aorta [13]

- Während der Austreibungsphase des linken Ventrikels wird das Schlagvolumen von ca. 60 ml mit einem Druckmaximum von ca. 120 Torr in die Aorta gepumpt.
- In der Aorta herrscht zu Beginn ein Druck von ca. 80 Torr.
- Die Aorta kann das zusätzliche Blutvolumen aber nur aufnehmen, wenn die Aortenwand (Arterie vom elastischen Typ) sich aufdehnt.
- Bedingt durch den erhöhten Druck und der kinetischen Energie des Blutes ist dieser Vorgang möglich.
- Die kinetische Energie des Blutes wird jetzt in potentielle Energie umgewandelt und in der Aortenwand gespeichert.
- Mit dem Abklingen der Austreibungsphase nimmt der Kammerdruck ab, so dass der Aortendruck größer ist.
- Das hat zur Folge, dass die Aortenklappe sich schließt.
- Während der nun einsetzenden Diastole hat die Aortenwand auf Grund des relativ niedrigen Blutdrucks von ca. 80 Torr die Möglichkeit, sich zusammenzuziehen.
- Damit wird die potentielle Energie wieder in kinetische Energie umgewandelt, so dass das Blut innerhalb der Aorta weiterfließen kann.
- Der Druck fällt dabei aber nicht weiter ab.
- Damit wird in der Aorta ein kontinuierlicher Blutfluß und ein Blutdruck von 120/80 Torr erreicht.

04-53. Kurzfristige Blutdruckregulation [20]

- Nerval gesteuerte Umstellung.
- Wirkungseintritt schon nach wenigen Sekunden.
- Vergleichbar hohe Intensität der Reaktion.

Mechanismus:
- Druckrezeptoren (Barorezeptoren) liegen im Aortenbogen und im Karotissinus,
- Durch Dehnung der Arterienwand während der Pulswelle werden von den Rezeptoren folgende Zustände sog. „Ist-Werte“ ermittelt:
  1. der mittlere arterielle Druck,
  2. die Steilheit des Druckanstiegs,
  3. die Herzfrequenz.
- Ist-Werte werden an das Kreislaufregulationszentrum in die Medulla oblongata weitergeleitet.
- Hier wird ein Regulationsprogramm erarbeitet bei

Hypotonie	Hypertonie
• der Sympathikus wird erregt, • der Parasympathikus wird gehemmt.	• der Sympathikus wird gehemmt, • der Parasympathikus wird erregt.
Folge:	**Folge:**
• Herzfrequenz wird erhöht, • Kontraktionskraft nimmt zu, • Zunahme des totalen peripheren Widerstandes durch Verengung der Arteriolen (z. B. in der Haut), • Zunahme des arteriellen Drucks.	• Herzfrequenz nimmt ab, • Kontraktionskraft nimmt ab, • Abnahme des totalen peripheren Widerstandes durch Erweiterung der Arteriolen (z. B. in der Haut), • Abnahme des arteriellen Drucks.

04-54. Mittelfristige Regulationsmechanismen [11]

1. Volumenverschiebungen durch Kapillargefäße bei

Hypotonie	Hypertonie
• niedriger arterieller Druck bewirkt auch niedrigen kapillären Druck, • dadurch geringe Filtration des Blutes und geringe Volumenabgabe an das Interstitium, • durch geringen Volumenverlust des Blutes kann der arterielle Druck auch nicht weiter abnehmen.	• erhöhter arterieller Druck bewirkt auch erhöhten kapillären Druck, • dadurch vermehrte Filtration des Blutes und vermehrte Volumenabgabe an das Interstitium, • Volumenabnahme des Blutes führt zu Blutdruckabfall.

2. Renin-Angiotensin-Mechanismus (volle Wirkung nach 20min) bei

Hypotonie	Hypertonie
• Das Enzym Renin wird im juxtaglomerulären Apparat gebildet und freigesetzt, • Renin bewirkt die Freisetzung von Angiotensin 1, • Angiotensin 1 wird in Angiotensin 2 umgewandelt, • Angiotensin 2 wirkt stark gefäßverengend, • damit nimmt der Blutdruck zu.	• Das Enzym Renin wird nicht freigesetzt und somit kann keine weitere Blutdrucksteigerung erfolgen.

04-55. Langfristige Regulationsmechanismen [6]

Bei Hypotonie	Bei Hypertonie
• verminderte renale Flüssigkeitsausscheidung, • Harn wird konzentriert, • Blutdruck kann nicht weiter fallen.	• vermehrte renale Flüssigkeitsausscheidung, • dadurch nimmt das Blutvolumen und die interstitielle Flüssigkeit ab, • Blutdruck fällt.

04-56. Mechanismen des venösen Rückstroms [16]

Da der Restdruck aus dem Arteriensystem sehr gering ist, – er liegt zwischen 4 und 20 Torr – sind zusätzliche Mechanismen des Rücktransportes erforderlich.
Die Schwerkraft, die vor allem in den unteren Extremitäten sich bemerkbar macht, wirkt der Strömungsrichtung des Blutes entgegen.

1. Muskelvenenpumpe
- Die Venen werden im Zusammenhang mit der Kontraktion der umgebenden Skelettmuskulatur komprimiert.
- Das führt zur Verkleinerung des Gefäßquerschnittes und damit zur Erhöhung der Strömungsgeschwindigkeit und des Blutdrucks.

2. Saug-Druck-Effekte der Atmung
- Während der Inspiration kommt es im Thorax zu einem Unterdruck, der sich auf die Gefäße fortsetzt.
- Diese Saugwirkung ist v.a. im Bereich der V. cava superior vorhanden.
- Zusätzlich kommt es zur Erweiterung der Gefäße, was zur Folge hat, daß der Strömungswiderstand abnimmt.

3. Ventilebenenmechanismus
- Während der Austreibungsphase des Herzens kommt es zur Volumenzunahme der Vorhöfe, was einen Unterdruck hervorruft.
- Dieser Unterdruck ist auf die herznahen Venen gerichtet. Dies hat ein Ansaugen von Blut zur Folge.

4. Arterien-Venenkopplung
- Tiefliegende Venen werden von Arterien begleitet. Die Pulsation der Arterie wird auf die Vene übertragen, was zur Querschnittsverkleinerung und somit zur Erhöhung der Strömungsgeschwindigkeit führt.

5. Schwerkraft
- Die Schwerkraft des venösen Blutes oberhalb des Herzens führt zu einem erhöhten venösen Druck, der für einen schnelleren Blutstrom in Richtung Herz verantwortlich ist.

6. Venenklappen
- verhindern das Zurückfließen des Blutes.

04-57. Begründung für Kollabieren [8]

1. Steht ein Mensch ruhig auf einer Stelle, so können die Mechanismen zur Förderung des venösen Rückstroms (Muskelvenenpumpe) nicht vollständig wirken.
2. Bei hoher Umgebungstemperatur versucht der Körper Wärmeenergie abzugeben. Dazu werden die Arteriolen der Haut erweitert, um eine gute Durchblutung und damit eine gute Wärmestrahlung zu erreichen. Der Gesamtgefäßquerschnitt erhöht sich und damit nimmt die Strömungsgeschwindigkeit ab. Dies führt zur Abnahme des arteriellen Drucks.
3. Bedingt durch Orthostase, abnehmenden Blutdrucks und fehlender Muskelvenenpumpe werden die Vorhöfe nicht ausreichend mit Blut gefüllt. Die sich anschließende geringer ausfallende Füllung der Kammern führt zur Abnahme des Schlagvolumens und somit zur weiteren Blutdrucksenkung.
4. Das Gehirn kann nicht mehr ausreichend versorgt werden was zum Kollabieren führt.

04-58. bis 61. MC-Fragen [8]

04-58. a, d	04-59. a, b	04-60. a, d	04-61. b, d

Blut
Antworten

05-1. Grafik „Einteilung der Blutkörperchen“ [9]

- **Blutkörperchen**
  - Erythrozyten
  - Leukozyten
    - Monozyten
    - Granulozyten
      - eosinophile Granulozyten
      - neutrophile Granulozyten
        - stabkernige
        - segmentkernige
      - basophile Granulozyten
    - Lymphozyten
  - Thrombozyten

05-02. Erythrozyten [13]

1. Anzahl:	Männer = 5,4 T/l Frauen = 4,8 T/l
2. Funktion:	Transport von O_2 und CO_2
3. Form:	bikonkave runde Scheibe, gut verformbar
4. Durchmesser:	7,5 µm
5. Bau:	kein Zellkern keine Zellorganellen Zellmembran mit Sitz der Blutgruppeneigenschaften und des Rh-Systems im inneren Hämoglobin
6. Lebensdauer:	120 Tage
7. Bildung:	im roten Knochenmark befinden sich kernhaltige Stammzellen durch Teilung und Ausstoßen des Kernes entstehen die Erythrozyten
8. Abbau:	im roten Knochenmark, in der Milz und in den Lymphknoten

05-03. Anzahl und Vorkommen der Leukozyten [4]

1. Anzahl:	4 – 10 G/l im strömenden Blut	
2. Vorkommen:	5%	im strömenden Blut
	33%	im roten Knochenmark
	62%	in allen Geweben

Werte können variieren

05-04. Arbeitsblatt „Leukozyten" [15]

Leukozyten	Anzahl	Bau	Funktion
1. Granulozyten		• enthalten im Zellplasma kleine Körnchen (Granula)	
1.1 eosinophile	3,2 %	• lassen sich mit saurem Farbstoff anfärben	• Abbau von Antigen-Antikörper-Verbindungen
1.2 basophile	0,6 %	• lassen sich mit basischen Farbstoffen anfärben	• enthalten Heparin, welches der Blutgerinnung entgegenwirkt
1.3 neutrophile	53,0 %	• lassen sich mit neutralen Farbstoffen anfärben	• Phagozytose
1.3.1 stabkernige	9,5 %	• Zellkern stabförmig	
1.3.2 segmentkernige	40,5 %	• Zellkern in Segmente unterteilt	
2. Monozyten	7,1 %	• größte Blutzelle	• Phagozytose
3. Lymphozyten	36,5 %	• B-Lymphozyten	• humorale Immunreaktion
		• T-Lymphozyten	• zelluläre Immunreaktion

05-05. Thrombozyten [5]

1. Anzahl: 150 – 350 G/l
2. Bau: Thrombozyten sind Zellteile der Megakaryozyten
kernlos
enthalten für die Blutgerinnung notwendige Enzyme
3. Funktion: können Defekte in der Gefäßwand abdichten

05-06. Arbeitsblatt „Blutplasma“ [24]

Bestandteile	Zusammensetzung	
1. Wasser	• Anteil: 90 %	
2. Plasmaproteine	• Gesamteiweiße: 66 – 87 g/l	
	• Albumine	
	• Fibrinogen	
	• Prothrombin	
	• Immunglobuline	
3. Plasmaelektrolyte	• Na^+ 135,0 – 150,0 mmol/l	
	• K^+ 3,5 – 5,0 mmol/l	
	• Ca^{2+} 2,3 – 2,6 mmol/l	
	• Mg^{2+} 0,7 – 1,5 mmol/l	
	• Cl^- 98,0 – 112,0 mmol/l	
4. Nährstoffe	• Glucose 3,5 – 5,5 mmol/l	
	• freie Fettsäuren	
	• freie Aminosäuren	
5. Stoffwechselendprodukte	• Cholesterol	• Fruktose
	• Pyruvat	• Harnsäure
	• Bilirubin	• Milchsäure
	• Harnstoff	
6. Wirkstoffe	• Hormone	• Enzyme
	• Vitamine	

05-07. Primäre Hämostase [6]

- Verletzung eines kleinen oder mittleren Gefäßes.
- Throbozyten lagern sich an der defekten Gefäßstelle an.
- Sie bilden einen lockeren Thrombozytenpfropf.
- Gleichzeitig setzen die Thrombozyten gefäßverengende Stoffe (z. B. Serotonin) frei.
- Es kommt zum lockeren Wundverschluß.
- Die Zeit von der Verletzung bis zum Ende der Blutung wird als Blutungszeit bezeichnet und beträgt 1 bis 3 Minuten.

05-08. Sekundäre Hämostase und Fibrinolyse [18]

Phase		Ablauf	Erläuterung
sekundäre Hämostase	**Vorphase**	Thrombokinase ↓	Gewebeverletzung führt zur Bildung von Thrombokinase.
	1. Phase	Prothrombin → Thrombin ↓	Prothrombin wird in der Leber mit Hilfe von Vitamin K gebildet und durch die Thrombokinase in Thrombin umgewandelt.
	2. Phase	Fibrinogen → Fibrin ↓	Umwandlung des löslichen, in der Leber gebildeten Fibrinogens, in unlösliches Fibrin sowie die Vernetzung der Fibrinfäden.
	Nach-phase	Fibrinpeptid ↓	Fibrinfäden ziehen sich zusammens men, so dass die Wundränder aneinandergefügt werden. Gleichzeitig entsteht aus allen geformten Bestandteilen das Fibrinpeptid.
Fibrinolyse	**Haupt-phase**	Plasminogen ↓ (Aktivatoren in Blut und Gewebe →) Plasmin → Fibrinbruchstücke	Aktivatoren in Blut und Gewebe oder von außen zugeführte Streptokinase führen zur Umwandlung von Plasminogen in Plasmin. Plasmin kann das Fibrinpeptid wieder auflösen.
Die Gerinnungszeit beträgt: 3 bis 5 Minuten. Unter dem Schutz des Fibrinpeptides kann die Regeneration des Gewebes ablaufen.			

05-09. AB0-System [8]

	Blutgruppe A	Blutgruppe B	Blutgruppe AB	Blutgruppe 0
Antigen am Erythrozyt	A	B	A + B	kein
Antikörper im Blutplasma	Anti B	Anti A	keine	Anti A Anti B

05-10. bis 19. MC-Fragen [20]

05-10. a, d	05-11. a, b	05-12. a, d	05-13. c, d	05-14. b, d
05-15. c, d	05-16. c, d	05-17. a, c	05-18. a, d	05-19. a, b

05-20. Immunmechanismen

[16]

unspezifische Abwehr		spezifische Abwehr	
humorale Abwehr	**zelluläre Abwehr**	**humorale Abwehr**	**zelluläre Abwehr**
• Nach dem Eindringen von Antigenen werden Stoffe zur Bekämpfung freigesetzt. 1. Pyrogene – erzeugen Fieber. 2. Kinine – erhöhen Wanddurchlässigkeit für phagozytierende Zellen. 3. Interferone – Interferon hemmt in der Zelle die Eiweißsynthese des Virus. Dadurch wird das Wachstum, die Vermehrung und die Abgabe von Toxinen gehemmt.	• Nach dem Eindringen von Antigenen werden phagozytierende Zellen aktiviert. • Dazu sind neutrophile Granulozyten und Monozyten befähigt. • Die Antigene werden aufgenommen und enzymatisch abge baut.	• Nach dem Eindringen von Antigenen werden diese an der Oberfläche der B-Lymphozyten gebunden. • Die B-Lymphozyten werden aktiviert und vermehren sich. Dabei entstehen Gedächtniszellen und Plasmazellen. • Die Plasmazellen bilden Antikörper, die in das Plasma abgegeben werden. • Die Antikörper markieren die Antigene, so daß andere Abwehrsysteme die Vernichtung der Antigene vornehmen können.	• Nach dem Eindringen von Antigenen gelangen diese an die T-Lymphozyten. • Die T-Lymphozyten werden aktiviert und teilen sich in 1. Gedächtniszellen 2. Lymphokin. • Gedächtniszellen bewirken bei erneuter Infektion mit diesem Antigen eine schnellere Reaktion. • Lymphokin aktiviert die Makrophagen, die Erreger abtöten können.

Atmungssystem
Antworten

06-01. Makroskopischer Bau der Nase [14]

- Die Nasenhöhle, Cavitas nasi, ist ein paariger Raum. Er wird durch die Nasenscheidewand, das Septum nasi, in zwei Nasenhöhlen unterteilt.
- Die Nasenhöhlen beginnen vorn an den Nasenlöchern.
- Der vordere Teil der Nasenhöhle wird vom Nasenvorhof, dem Vestibulum nasi gebildet.
- An der lateralen Wand befinden sich drei Nasenmuscheln:
  1. Concha nasalis superior
  2. Concha nasalis media
  3. Concha nasalis inferior.
- An der Nasenscheidewand verläuft der gemeinsame Nasengang, Meatus nasi communis, an die folgende Nasengänge Anschluß finden.
  1. Meatus nasi superior
  2. Meatus nasi media
  3. Meatus nasi inferior.
- Im hinteren Teil der Nase geht die Nasenhöhle über die beiden Trichter, Choanen, in den oberen Rachenraum, Epipharynx, über.
- Das Riechfeld, Regio olfactoria, befindet sich im oberen Teil der Nasenhöhle.

06-02. Bau und Funktion der Nasenschleimhaut [10]

Abschnitte der Nasenhöhle	Bau	Funktion
Vestibulum nasi	• mehrschichtig verhorntes Plattenepithel mit Haaren	• Schutzfilter
Haupthöhle der Nase (mit Ausnahme der Regio olfactoria)	• mehrreihiges Flimmerepithel mit Becherzellen in dem 1. Glandulae nasales	• Anfeuchtung • Transport des Sekretfilms mit Staubpartikeln zum Rachen, aus dem er verschluckt wird
	2. Kapillarnetz mit Venenplexus und Schwellkörpern enthalten sind	• Erwärmung der Luft und Verschluß der Nasenhöhle bei Infektionen

06-03. Nasennebenhöhlen [8]

1. Sinus maxillaris	lateral der Nasenhöhle in der Maxilla
2. Sinus frontalis	kranial der Augenhöhlen im Os frontale
3. Sinus ethmoidales	zwischen Nasenhöhle und Augenhöhle im Os ethmoidale
4. Sinus sphenoidalis	zwischen Nasenhöhle und Schädelhöhle im Os sphenoidale

06-04. Abschnitte und Öffnungen des Rachens [8]

Abschnitte	Öffnungen
Epipharynx	• 2 Öffnungen zur Nasenhöhle über die Choanen • 2 Öffnungen zur rechten und linken Ohrtrompete, Tuba auditiva
Mesopharynx	• 1 Öffnung zur Mundhöhle, Cavitas oris
Hypopharynx	• 1 Öffnung zur Luftröhre, Trachea • 1 Öffnung zur Speiseröhre, Oesophagus

06-05. Beschriftung [17]

Nr.	deutsche Bezeichnung	Fachbezeichnung
1	Nasenmuscheln	**Conchae nasales**
2	unterer, mittlerer, oberer Nasengang	**Meatus nasi inferior, media, superior**
3	Riechfeld	**Regio olfactoria**
4	Nasenrachenraum	**Epipharynx**
5	mittlerer Teil des Rachens	**Mesopharynx**
6	unterer Teil des Rachens	**Hypopharynx**
7	**Öffnung der Ohrtrompete**	Ostium tubae auditivae
8	**Rachenmandel**	Tonsilla pharyngea
9	**Kehldeckel**	Epiglottis
10	Speiseröhre	**Oesophagus**
11	**Schildknorpel**	Cartilago thyroidea
12	**Ringknorpel**	Cartilago cricoidea
13	**harter Gaumen**	Palatum durum
14	**weicher Gaumen**	Palatum molle
15	Zunge	**Lingua**
16	Luftröhre	**Trachea**
21	**Gaumenmandel**	Tonsilla palatina

06-06. Lage bzw. Verlauf der Trachea [5]

- Beginn unterhalb des Ringknorpels des Kehlkopfes.
- Verläuft vor der Speiseröhre im Hals in kaudaler Richtung.
- Zieht in den Thorax hinein und endet in Höhe des Arcus aortae, 2. Interkostalraum, an der Bifurcatio tracheae.

06-07. Bau der Luftröhre

[5]

- Die Trachea ist ein elastisches Rohr.
- Sie besteht aus hufeisenförmigen Knorpelspangen.
- Der dorsal gelegene knorpelfreie Teil ist membranös-muskulös verschlossen und liegt der Speiseröhre an.
- Beim Erwachsenen ist die Luftröhre 10 – 13cm lang.
- Die Aufzweigung der Luftröhre in die beiden Stammbronchien wird als Bifurcatio tracheae bezeichnet.

06-08. Lage der Lungen

[5]

- Die Lungen liegen im Thorax.
- Die Lungenspitze, Apex pulmonis, liegt in Höhe der Clavicula und reicht in den Halsbereich.
- Die Lungenbasis, Basis pulmonis, liegt dem Diaphragma auf.
- Der Lungeneingang, Hilum pulmonis, zeigt in medialer Richtung.
- Jede Lunge wird vom Lungenfell, Pleura pulmonalis, überzogen.

06-09. Grafik „Gliederung der Lungen“

[12]

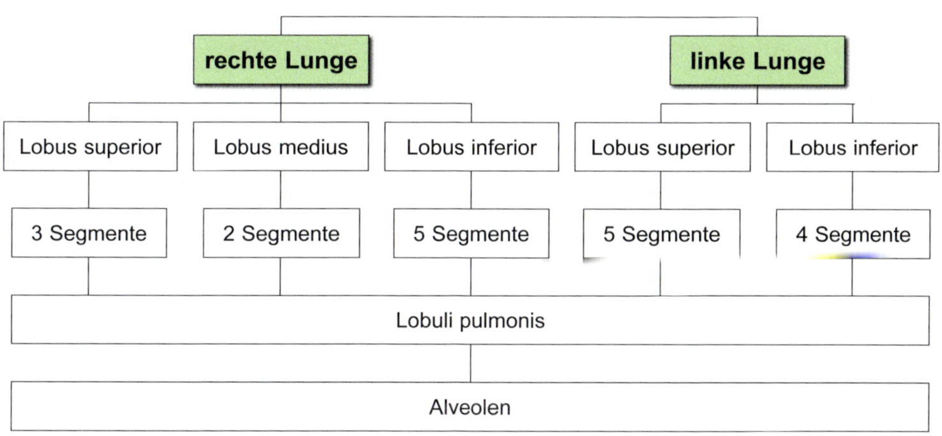

06-10. Grafik „Gliederung der Bronchien“ [15]

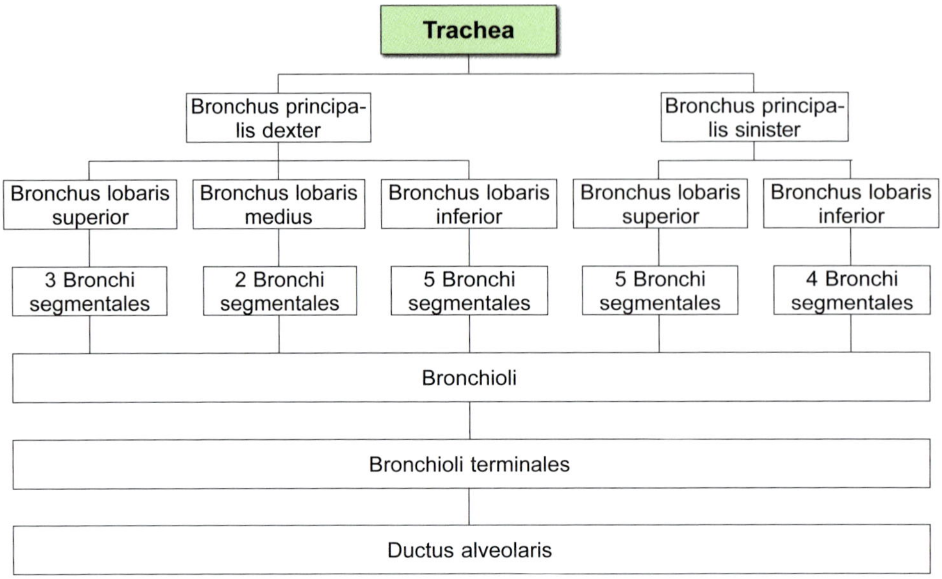

06-11. Beschriftung „Lungen und Bronchialbaum“ [16]

Nr.	deutsche Bezeichnung	Fachbezeichnung
1	Luftröhre	**Trachea**
2	Luftröhrengabel	**Bifurcatio tracheae**
3	rechter Hauptbronchus	**Bronchus principalis dexter**
4	linker Hauptbronchus	**Bronchus principalis sinister**
5	oberer rechter Lappenbronchus	**Bronchus lobaris superior dexter**
6	mittlerer rechter Lappenbronchus	**Bronchus lobaris medius dexter**
7	unterer rechter Lappenbronchus	**Bronchus lobaris inferior dexter**
8	Segmentbronchien	**Bronchi segmentales**
9	rechter oberer Lungenlappen	**Lobus superior dexter**
10	rechter mittlerer Lungenlappen	**Lobus medius dexter**
11	rechter unterer Lungenlappen	**Lobus inferior dexter**
12	linker oberer Lungenlappen	**Lobus superior sinister**
13	linker unterer Lungenlappen	**Lobus inferior sinister**
14	Lungenbasis	**Basis pulmonis**
15	Lungenspitze	**Apex pulmonis**
16	Lungenläppchen	**Lobuli**

06-12. Aufbau der Alveole [7]

- Eine Alveole ist kugelförmig mit einem Durchmesser von ca. 0,2mm.
- Die Oberfläche aller Alveolen beträgt je nach Geschlecht, Körpergröße, Alter und Trainingszustand 70m² bis 140m².
- Die Wand der Epithelzellen ist sehr dünn.
- Um die Epithelzellen ist ein dichtes Kapillarnetz.
- Zwischen den Alveolen sind Interalveolarsepten, die reichlich elastische Fasern enthalten.
- Die Alveolen sind innen mit einem Flüssigkeitsfilm ausgekleidet, Surfactant, der die Oberflächenspannung an der Gas-Flüssigkeitsgrenze herabsetzt.

06-13. Beschriftung „Mikroskopischer Bau der Lunge“ [6]

Nr.	deutsche Bezeichnung	Fachbezeichnung
17	Endbronchus	**Bronchiolus terminalis**
18	Ast der Lungenarterie	**Ast der A. pulmonalis**
19	Ast der Lungenvene	**Ast der V. pulmonalis**
20	**alveoläres Lungenkapillarnetz**	Rete capillare
21	Lungenbläschen	**Alveolen**
22	**Lungenbläschentrennwand**	Interalveolarsepten

06-14. Beschriftung [5]

Nr.	deutsche Bezeichnung	Fachbezeichnung
15	Eingeweideteil der Pleura	**Pleura pulmonalis**
16	Wandteil der Pleura	**Pleura parietalis**
17	Pleurahöhle	**Cavitas pleuralis**
18	Rippen	**Costae**
19	Lungenbläschen	**Alveolen**

06-15. bis 24. MC-Fragen [20]

06-15. a, d	06-16. b, d	06-17. b, c	06-18. a, c	06-19. c, d
06-20. c, d	06-21. c, d	06-22. a, b	06-23. c, d	06-24. b, d

06-25. Atemvolumina [11]

Nr.	Begriff	Erklärung	Größe in Liter
1	Atemzugvolumen	• normales In- bzw. Exspirationsvolumen	0,5
2	Inspiratorisches Reservevolumen	• Volumen, das nach normaler Inspiration noch zusätzlich eingeatmet werden kann	2,0
3	Exspiratorisches Reservevolumen	• Volumen, das nach normaler Exspiration noch zusätzlich ausgeatmet werden kann	1,5
4	Residualvolumen	• Volumen, das nach maximaler Exspiration noch in der Lunge zurückbleibt	1,5
5	Vitalkapazität	• Volumen, das nach maximaler Inspiration maximal ausgeatmet werden kann	4,0
6	Totalkapazität	• Volumen, das nach maximaler Inspiration in der Lunge enthalten ist	5,5

06-26. Faktoren, die die Vitalkapazität beeinflussen [6]

1. Alter	2. Körpergröße	3. Gesundheitszustand
4. Geschlecht	5. Konstitution	6. Ernährungszustand

06-27. Thorakale Atmung [12]

1. Inspiration:

- Kontraktion der Mm. scaleni, der Mm. intercostales externi und bei Bedarf der Atemhilfsmuskeln.
- Thorax wird angehoben und vergrößert sich.
- Die Lunge muß der Bewegung folgen, da ein Unterdruck im Pleuraspalt ist.
- Dies führt zur Vergrößerung der Lungenbläschen.
- Dadurch entsteht ein Unterdruck in den Lungenbläschen, das zum Ansaugen von Luft führt.

2. Exspiration

- Die Mm. scaleni und Mm. intercostales externi erschlaffen.
- Das Senken des Thorax erfolgt:

passiv
- bedingt durch elastische Rückstellkräfte und durch die Schwerkraft

aktiv
- bedingt durch Kontraktion der Mm. intercostales interni bzw. des M. latissimus dorsi

- Daraufhin verkleinert sich die Lunge.
- Dies führt zur Verkleinerung der Lungenbläschen.
- Es entsteht dadurch ein Überdruck in den Lungenbläschen, das zum Herauspressen der Luft führt.

06-28. Abdominale Atmung [12]

1. Inspiration:

- Das Diaphragma kontrahiert sich, wodurch die Zwerchfellkuppeln nach unten gezogen werden.
- Dies führt zur Vergrößerung des Thorax in Höhe der Lungenbasis.
- Die Lunge muß der Bewegung folgen, da ein Unterdruck im Pleuraspalt ist.
- Dies führt zur Vergrößerung der Lungenbläschen.
- Dadurch entsteht ein Unterdruck in den Lungenbläschen, das zum Ansaugen von Luft führt.

2. Exspiration

- Das Diaphragma erschlafft.
- Das Diaphragma wird angehoben

passiv
- bedingt durch elastische Rückstellkräfte

aktiv
- bedingt durch Kontraktion der Bauchmuskeln

- Daraufhin verkleinert sich die Lunge.
- Dies führt zur Verkleinerung der Lungenbläschen.
- Es entsteht dadurch ein Überdruck in den Lungenbläschen, das zum Herauspressen der Luft führt.

06-29. Gasaustausch in der Lunge [14]

- Der Gasaustausch in der Lunge ist ein Diffusionsvorgang.
- Dabei diffundiert Sauerstoff aus der Alveole in das Kapillargebiet der Lunge und das Kohlendioxid in umgekehrter Richtung.
- Voraussetzungen für einen optimalen Gasaustausch sind:
  1. große Austauschfläche
  2. kleiner Diffusionsweg
  3. gute Belüftung der Lunge
  4. gute Durchblutung der Lunge
  5. bestehender Partialdruckunterschied
- Der Partialdruckunterschied ist die treibende Kraft für den Gasaustausch.

Sauerstoff		Kohlendioxid	
pO_2 in Alveole	13,3 kPa	pCO_2 in Alveole	5,33 kPa
pO_2 in A. pulmonalis	5,3 kPa	pCO_2 in A. pulmonalis	6,13 kPa
$\Delta\ pO_2$	8,0 kPa	$\Delta\ pCO_2$	0,80 kPa

06-30. Transport des Sauerstoffs im Blut [4]

- Der Sauerstoff wird an der Gas/Flüssigkeitsgrenze physikalisch gelöst.
- Diese physikalische Lösung ist sehr gering, so daß der Sauerstoff an Hämoglobin chemisch gebunden wird.
  $Hb + O_2 \rightarrow HbO_2$
- Die Sauerstoffsättigung des Hämoglobins ist bei ca. 15 kPa erreicht, so daß ca. 0,2 Liter O_2 in einem Liter Blut chemisch gebunden sind.

06-31. Transport des Kohlendioxids im Blut [9]

- Kohlendioxid ist ein wesentliches Endprodukt des Energiestoffwechsels im Gewebe.
- Das Kohlendioxid wird physikalisch gelöst und diffundiert in die Blutkapillargefäße.
- Sowohl im Blutplasma als auch im Erythrozyten reagiert das Kohlendioxid mit Wasser, wodurch Hydrogencarbonat und Wasserstoffionen entstehen.
- $CO_2 + H_2O \rightarrow H_2CO_3 \rightarrow HCO_3^- + H^+$
- Im Erythrozyten wird diese Reaktion durch das Enzym Karboanhydratase beschleunigt, so daß hier wesentlich mehr Hydrogencarbonat und Wasserstoffionen entstehen.
- 3/4 des Hydrogencarbonats diffundieren in das Plasma im Austausch mit Chloridionen.
- Ein Teil des Kohlendioxids reagiert im Erythrozyten auch mit den Aminogruppen des Hämoglobins, wobei eine Karbaminoverbindung und Wasserstoffionen entstehen.
- $Hb\text{-}NH_2 + CO_2 \leftrightarrow Hb\text{-}NH\text{-}COO^- + H^+$
- Die frei werdenden Wasserstoffionen werden abgepuffert, in dem sie die bestehende Hämoglobin-Sauerstoffbindung spalten und sich selbst an das Hämoglobin binden.
  H^+
  $\downarrow$
- $HbO_2 \rightarrow HHb + O_2$
- Der Sauerstoff diffundiert anschließend in das Gewebe.

06-32. Faktoren, die einen Einfliß auf das Bindungsverhalten von Sauerstoff haben [16]

Faktoren	physiologische Vorgänge / Beispiele
• Temperaturerhöhung	• vermehrt Abgabe von Sauerstoff an das Gewebe • Bindung des Sauerstoffs an das Hämoglobin vermindert *Beispiel:* Erwärmung der Muskulatur führt zur verbesserten Abgabe von Sauerstoff an das Gewebe
• Temperaturabnahme	• verminderte Abgabe von Sauerstoff an das Gewebe • Bindung des Sauerstoffs an das Hämoglobin erhöht *Beispiel:* Abkühlung des Gewebes führt zur verminderten Abgabe von Sauerstoff an das Gewebe (Erfrierungen)
• Azidose • $pCO_2\uparrow$	• vermehrte Abgabe von Sauerstoff an das Gewebe (Effekt ist gering) • Bindung des Sauerstoffs an das Hämoglobin vermindert *Beispiel:* Durch erhöhten Stoffwechsel in der Muskulatur, bedingt durch körperliches Betätigen, wird mehr Kohlendioxid gebildet und der Sauerstoffbedarf ist erhöht
• Alkalose • $pCO_2\downarrow$	• verminderte Abgabe von Sauerstoff an das Gewebe • Bindung des Sauerstoffs an das Hämoglobin erhöht *Beispiel:* Hyperventilation

06-33. Atmungsregulation [15]

- Die Atmungsregulation dient hauptsächlich der Anpassung der Atmung an die Stoffwechselbedürfnisse des Organismus.
- Weiterhin muß die Atmung beeinflußt werden beim
  - Sprechen
  - Lachen
  - Singen
  - Niesen
  - Husten
  - Schlucken.
- Die Atmung kann mechanisch - reflektorisch und chemisch kontrolliert werden.

1. Mechanisch-reflektorische Kontrolle der Atmung
- Durch Weiterleitung des Dehnungszustandes der Lunge an respiratorische Neurone in der Medulla oblongata wird reflektorisch zwischen Inspiration und Exspiration gewechselt.
- Das Maß von Inspiration und Exspiration wird nach den entsprechenden Erfordernissen geregelt.

2. Chemische Kontrolle der Atmung
- Durch periphere Chemorezeptoren
  - an der Teilungsstelle der A. carotis communis,
  - am Arcus aortae
- und durch zentrale Chemorezeptoren
  - im Hirnstamm
  - werden folgende Zustände in Form von „Ist-Werten" gemessen.

  1. pO_2
  2. pCO_2
  3. pH-Wert

- Entsprechen die „Ist-Werte" nicht der Norm, d.h.

  1. $pO_2 \downarrow$
  2. $pCO_2 \uparrow$
  3. pH-Wert $\downarrow$
- werden die respiratorischen Neurone in der Medulla oblongata Informationen an die Atemmuskulatur weiterleiten, so daß die Atemtiefe und die Atemfrequenz erhöht werden, was einer Erhöhung des Atemminutenvolumens entspricht.
  - $AMV = V \cdot f$
- Die Reihenfolge des Atemantriebs ergibt sich wie folgt:

  1. $pCO_2 \uparrow$
  2. pH-Wert $\downarrow$
  3. $pO_2 \downarrow$

06-34. O_2-Vergiftung [6]

- Durch Erhöhung des O_2 Partialdrucks in der Inspirationsluft kann nur eine geringfügige Erhöhung des O_2 Partialdrucks über eine Erhöhung der physikalischen Lösung in den Arterien hervorgerufen werden.
- Der erhöhte O_2 Partialdruck führt in den Zellen zu einer Veränderung der Aktivität der Enzyme des Gewebestoffwechsels
(Beispiel: Hemmung der Oxydation von Glucose, Fructose)
- Typische Zeichen einer O_2-Vergiftung sind:
- Schwindel
- Krämpfe
- Abnahme von Gehirn- und Nierendurchblutung infolge der Abnahme des Herzminutenvolumens
- Lungenödem

06-35. bis 44. MC-Fragen [20]

06-35. c, d	06-36. c, d	06-37. b, c	06-38. a, b	06-39. c, d
06-40. b, d	06-41. a, c	06-42. b, d	06-43. a, c	06-44. a, c

Verdauungssystem
Antworten

07-01. Abschnitte des Verdauungstraktes [12]

1. Cavitas oris
2. Pharynx
3. Oesophagus
4. Gaster / Ventriculus
5. Intestinum tenue
5.1 Duodeum
5.2 Jejunum
5.3 Ileum
6. Intestinum crassum
6.1 Caecum
6.2 Colon
6.3 Rektum

07-02. Abschnitte der Mundhöhle [14]

1. Vestibulum oris	• außen	• Lippen und Wangen
	• innen	• Zähne und Alveolarfortsätze
2. Cavitas oris propria	• vorn und seitlich	• Zähne
	• oben	• Palatum durum et molle
	• unten	• Lingua
3. Regio sublingualis	• unten	• Muskulatur des Mundbodens
	• oben	• Lingua
4. Isthmus faucium	• vorn	• Übergang von Cavitas oris propria in den Pharynx
	• hinten	

07-03. Mundspeicheldrüsen [7]

Drüse	Lage	Sekret
1. Glandula parotis	• vor dem Ohr • in der Grube zwischen dem Hinterrand des Unterkieferastes und dem äußeren Gehörgang	• serös
2. Glandula submandibularis	• unterhalb der Mundbodenmuskulatur, im Trigonum submandibulare	• seromukös
3. Glandula sublingualis	• zwischen der Regio sublingualis und der Mundbodenmuskulatur	• überwiegend mukös

07-04. Aufbau der Zunge [12]

- 5 cm langer und 4 cm breiter Muskelkörper
- mit der Mundbodenmuskulatur bindegewebig verwachsen
- **Abschnitte:**
  1. Corpus linguae (Zungenkörper)
  2. Apex linguae (Zungenspitze)
  3. Radix linguae (Zungenwurzel)
  4. Dorsum linguae (Zungenrücken)
- auf dem Zungenrücken in der Schleimhaut befinden sich die Zungenpapillen:
  – fadenförmige Papillen → dienen der Tastempfindung
  – pilzförmige Papillen → enthalten Geschmacksknospen
  – Wallpapillen → enthalten Geschmacksknospen
  – Blätterpapillen → enthalten Geschmacksknospen

07-05. Verlauf der Speiseröhre [8]

1. Pars cervicalis	• verläuft im Hals hinter der Luftröhre und vor der Halswirbelsäule in kaudaler Richtung
2. Pars thoracica	• verläuft vom oberen in das hintere Mediastinum • kreuzt den Aortenbogen • an der Hinterwand des linken Vorhofs
3. Pars abdominalis	• im Abdomen • mündet in den Magen

07-06. Schichtaufbau der Speiseröhre [15]

1. Tunica mucosa	• mehrschichtig unverhorntes Plattenepithel • Lamina propria mucosae (dünne Bindegewebsschicht) • Lamina muscularis mucosae (längs verlaufende glatte Muskelfasern)
2. Tela submucosa	• besteht aus Bindegewebe mit Blut- und Lymphgefäßen • im oberen und unteren Drittel rein muköse Drüsen
3. Tunica muscularis	• oben → Skelettmuskulatur • anschließend → Skelettmuskulatur und glatte Muskulatur • unten → glatte Muskulatur • außen → Längsmuskelschicht • innen → Ringmuskelschicht
4. Tunica adventitia	• lockeres Bindegewebe

07-07. Bau der Speiseröhre [8]

Abschnitte	Länge	Enge mit Lagebeschreibung	
1. Pars cervicalis	ca. 8 cm	obere Enge	• in Höhe des Oesophagusmundes • engste Stelle
2. Pars thoracica	ca. 16 cm	Aortenenge	• Speiseröhre wird in Höhe des Aortenbogens von der pulsierenden Aorta eingedellt
3. Pars abdominalis	ca. 1 cm	Zwerchfellenge	• in Höhe des Zwerchfellschlitzes

07-08. Beschriftung der Abbildung [10]

Nr.	deutsche Bezeichnung	Fachbezeichnung
1	Luftröhre	**Trachea**
2	Speiseröhre	**Oesophagus**
3/1	Aortenbogen	**Arcus aortae**
3/2	Brustaorta	**Pars thoracica aortae descendentis**
4	rechter und linker Hauptbronchus	**Bronchi principales dexter et sinister**
5	Zwerchfell	**Diaphragma**
6	Leber	**Hepar**
7	Magen	**Gaster / Ventriculus**
8	Milz	**Splen**
9	Bauchspeicheldrüse	**Pankreas**

07

07-09. Beschriftung „Wandaufbau des Oesophagus" [9]

Nr.	deutsche Bezeichnung	Fachbezeichnung
10	Schleimhautschicht	**Tunica mucosa**
10/1	**Epithelschicht der Schleimhaut**	Lamina epithelialis mucosae
10/2	**Bindegewebsschicht der Schleimhaut**	Lamina propria mucosae
10/3	**Muskelschicht der Schleimhaut**	Lamina muscularis mucosae
11	unter der Schleimhaut gelegene Schicht	**Tela submucosa**
12	Muskelschicht	**Tunica muscularis**
12/1	**Ringmuskelschicht**	Ringmuskelschicht
12/2	**Längsmuskelschicht**	Längsmuskelschicht
13	Außenschicht	**Adventitia**

07-10. Lage des Magens [7]

- Unterhalb der linken Zwerchfellkuppel.
- Intraperitoneal.
- 3/4 des Magens liegt im Oberbauch links von der Medianebene.
- 1/4 des Magens liegt im Oberbauch rechts von der Medianebene.
- Obere Begrenzung in Höhe des 10. Brustwirbels bzw. auf die vordere Bauchwand projiziert in Höhe der 7. Rippe.
- Untere Begrenzung in Rückenlage in Höhe 1. – 2. Lendenwirbel.
- Untere Begrenzung im Stehen in Höhe 3. – 4. Lendenwirbel.

07-11. Beschriftung des Magens [10]

Nr.	deutsche Bezeichnung	Fachbezeichnung
7/1	Mageneingang	**Ostium cardiacum**
7/2	Magengrund	**Fundus gastricus**
7/3	Magenkörper	**Corpus gastricum**
7/4	Pförtnerabschnitt	**Pars pylorica**
7/5	Pförtner	**Pylorus**
7/6	kleine Magenkrümmung	**Curvatura gastrica minor**
7/7	große Magenkrümmung	**Curvatura gastrica major**
10	Magenschleimhaut	**Tunica mucosa**
12	Muskelschicht	**Tunica muscularis**
13	Außenschicht	**Tunica serosa**

07-12. Makroskopischer Bau des Magens [9]

- Der Magen besteht aus einem Mageneingang, Ostium cardiacum, und aus einem Magenausgang, Ostium pyloricum.
- Die wichtigsten Abschnitte des Magens sind:
  1. Fundus gastricus oben gelegen
  2. Corpus gastricum in der Mitte gelegen
  3. Pars pylorica unten gelegen
- Die kürzeste Verbindung zwischen dem Mageneingang und Magenausgang ist entlang der kleinen Magenkrümmung, Curvatura gastrica minor.
- Die große Magenkrümmung, Curvatura gastrica major, zieht vom Mageneingang, Ostium cardiacum, über den Magengrund, Fundus gastricus, bis zur tiefsten Stelle des Magenkörpers, Corpus gastricum.
- Im Inneren des Magens befinden sich Magenfalten, die im Bereich der Curvatura gastrica minor parallel verlaufen und als Magenstraße bezeichnet werden.

07-13. Schichtaufbau des Magens [21]

1. Tunica mucosa
- Die Schleimhaut des Magens ist ca. 1 – 2 mm dick.
- Mit bloßem Auge sind Schleimhautfalten sichtbar.
- Die Oberfläche wird von einem hochprismatischen Epithel gebildet.
- Je nach Lage unterscheidet man:

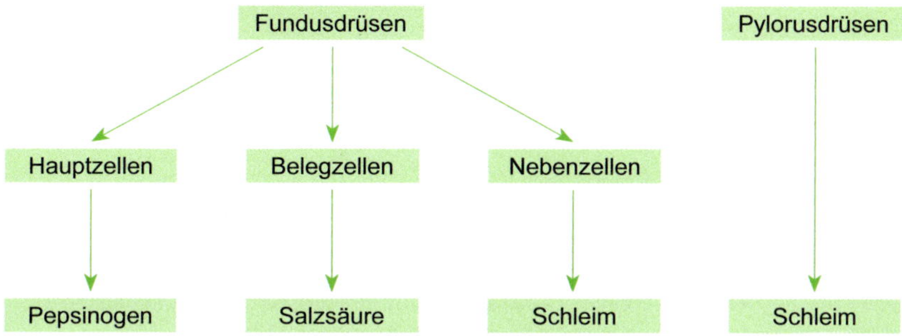

2. Tela submucosa
- In dieser Bindegewebsschicht befinden sich Blutgefäße und Lymphgefäße.

3. Tunica muscularis
- Diese Muskelschicht besteht aus glatter Muskulatur.
- Außen Längsmuskelschicht,
- innen Ringmuskelschicht, die auch den Schließmuskel des Pförtners bildet.
- Zusätzlich ziehen vom Mageneingang schräg verlaufende Muskelfasern abwärts.

4. Tunica serosa
- Diese Außenschicht wird vom Bauchfell, Peritoneum, gebildet.

07-14. Zwölffingerdarm [10]

Abschnitte	Lage	Bau
1. Pars superior	• schließt sich an den Pylorus an • zieht in dorsale Richtung • Anfangsteil intraperitoneal	• Anfangsteil erweitert • wird deshalb als Bulbus duodeni bezeichnet
2. Pars descendens	• zieht in kaudaler Richtung • liegt rechts von der Wirbelsäule • liegt vor dem mittleren Rand der rechten Niere • retroperitoneal	• Papilla duodeni, Mündungsstelle des 1. Ductus pancreaticus 2. Ductus choledochus
3. Pars horizontalis	• zieht über die Wirbelsäule hinweg nach links • retroperitoneal	• keine Besonderheiten
4. Pars ascendens	• links von der Wirbelsäule zieht dieser Abschnitt wieder aufwärts • geht am Ende in die intraperitoneale Lage über	• keine Besonderheiten

07-15. Schichtaufbau des Dünndarms [12]

1. Tunica mucosa und Tela submucosa

- Mit dem bloßen Auge sind zirkulär verlaufende Schleimhautfalten, Plicae circulares, auch Kerckringsche Falten genannt, erkennbar.
- Auf diesen Falten befinden sich Dünndarmzotten, Villi intestinales, die wesentlich kleiner, 0,2 – 1 mm hoch sind.
- An der Basis der Dünndarmzotten befinden sich Einbuchtungen, Lieberkühnsche Krypten, in die zah reiche Darmdrüsen münden.
- Die Oberfläche der Dünndarmzotten wird von einem hochprismatischen Epithel mit Mikrovilli bedeckt, in dem Becherzellen enthalten sind.
- Im Inneren der Dünndarmzotten befinden sich:

a) Arteriolen, die zahlreiche Kapillargefäße abgeben,
b) Venulen, die das nährstoffreiche Blut ableiten,
c) ein bis zwei zentrale Lymphgefäße, die resorbierte Fette abführen und
d) einzelne glatte Muskelzellen, die von der Lamina muscularis mucosae in die Zottenspitzen ziehen und während der Verdauung zu lebhaften Pumpbewegungen führen.

2. Tunica muscularis

- glatte Muskulatur
- innen Ringmuskelschicht
- außen Längsmuskelschicht

3. Tunica serosa

- bei intraperitonealer Lage Bauchfell
- bei retroperitonealer Lage Bindegewebe

07-16. Beschriftung der Tabelle [12]

Nr.	deutsche Bezeichnung	Fachbezeichnung
1	Dünndarm	**Intestinum tenue**
2	Dünndarmgekröse	**Mesenterium**
3/1	zentrales Chylusgefäß	**zentrales Chylusgefäß**
3/2	Lymphfollikel	**Lymphfollikel**
4	Blutgefäße	**Blutgefäße**
5	Ringfalten	**Kerckringsche Falten / Plicae circulares**
6	Bauchfellüberzug	**Serosa**
7	Dünndarmzotten	**Villi intestinales**
8	glatte Muskulatur	**glatte Muskulatur**
9	Einbuchtungen zwischen den Dünndarmzotten	**Lieberkühnsche Krypten**
10	Muskelschicht / Ringmuskulatur	**Tunica muscularis / Ringmuskulatur**
11	Muskelschicht / Längsmuskulatur	**Tunica muscularis / Längsmuskulatur**

07-17. Regelrechte Lage des Blinddarms [8]

- Das 7 cm lange Caecum liegt im rechten Unterbauch, in der Fossa iliaca und liegt intraperitoneal.
- Die Abgangsstelle des Wurmfortsatzes projiziert sich auf den Mc Burneyschen Punkt.
- Wenn zwischen Spina iliaca anterior superior und dem Bauchnabel eine Linie gezogen wird, so liegt der Mc Burneysche Punkt an der Grenze zwischen dem äußeren und mittleren Drittel.
- Die Appendix ist in der Regel 10 cm lang und retrocaecal gelegen.

07-18. Verlauf des Kolons [18]

1. Colon ascendens	• beginnt an der Valva ileocaecalis • zieht von vorn unten nach hinten oben bis zur Flexura coli dextra, die an der Unterfläche des rechten Leberlappens liegt • liegt sekundär retroperitoneal
2. Colon transversum	• beginnt an der Flexura coli dextra • zieht am Anfang von der Leber überlappt auf die linke Seite bis zur Flexura coli sinistra, die etwas höher als die Flexura coli dextra liegt • je nach Körperhaltung, Füllungszustand und Magenfüllung kann das Colon transversum girlandenartig durchhängen • besitzt ein Gekröse, liegt intraperitoneal
3. Colon descendens	• beginnt an der Flexura coli sinistra • zieht abwärts bis in den linken Unterbauch und geht in der Fossa illaca in das Colon sigmoideum über • liegt sekundär retroperitoneal
4. Colon sigmoideum	• beginnt in der Fossa iliaca sinistra • bildet eine s-förmige Schlinge und zieht bis zum 2. oder 3. Kreuzwirbel und geht dort in das Rektum über • besitzt ein Gekröse, liegt intraperitoneal

07-19. Beschriftung des Dickdarms! [13]

Nr.	deutsche Bezeichnung	Fachbezeichnung
4	Blinddarm	**Caecum**
5	Wurmfortsatz	**Appendix vermiformis**
6	aufsteigender Grimmdarm	**Colon ascendens**
7	rechte Grimmdarmkrümmung	**Flexura coli dextra**
8	querverlaufender Grimmdarm	**Colon transversum**
9	linke Grimmdarmkrümmung	**Flexura coli sinistra**
10	absteigender Grimmdarm	**Colon descendens**
11	sigmaförmiger Grimmdarm	**Colon sigmoideum**
12	Mastdarm	**Rektum**
13	After	**Anus**
14/2	Krummdarm	**Ileum**
23	Schöpfeimer	**Haustren**
24	Bandstreifen	**Taenien**

07-20. Besonderheiten im Schichtaufbau des Dickdarms [8]

1. Mukosa
- hochprismatisches Epithel mit Becherzellen
- keine Falten oder Zotten, aber tiefe Einbuchtungen, Krypten

2. Tunica muscularis
- Taenien
– drei parallel zur Längsrichtung des Darmes verlaufende Streifen Längsmuskulatur
- Haustren und Plicae semilunares
– zwischen den Taenien kommt es zur Ausbuchtung
– halbmondförmige Falten grenzen diese Ausbuchtungen ab
– Ausbuchtungen und Falten sind nicht feststehend

07-21. Lage des Mastdarms [6]

- Beginnt am 2. – 3. Kreuzwirbel.
- Der obere Teil liegt dem Kreuzbein an, so daß sich eine dorsale Biegung ergibt.
- Anschließend zieht der Mastdarm nach vorn und biegt vor dem Ende des Steißbeins nach unten und hinten um.
- Der Mastdarm liegt im wesentlichen retro- bzw. extraperitoneal.
- Beim Mann liegen vor dem Mastdarm die Harnblase und die Vorsteherdrüse.
- Bei der Frau liegt die Gebärmutter davor.

07-22. Aufbau des Mastdarms [6]

- der Mastdarm ist etwa 12 – 15 cm lang
- der obere Teil ist erweitert, kann somit den Kot aufnehmen und wird als Ampulla recti bezeichnet
- der untere Teil verjüngt sich zum Analkanal, Canalis analis
- Das Sphinktersystem besteht aus:
  1. glatter Muskulatur der Ringmuskelschicht
  2. Skelettmuskulatur des Beckenbodens
  3. Schwellkörper

07-23. Lage der Leber [6]

- Im Abdomen, unterhalb des Zwerchfells.
- Vom Peritoneum eingeschlossen.
- An der Zwerchfellfläche ist ein dreieckförmiger Bereich frei von Bauchfell und mit dem Diaphragma verwachsen.
- Der Unterrand der Leber liegt auf der rechten Seite in Höhe des Rippenbogens.
- Auf der linken Seite überdeckt die Leber teilweise den Magen.

07-24. Beschriftung der Leber [14]

Nr.	deutsche Bezeichnung	Fachbezeichnung
1	rechter Leberlappen	**Lobus dexter**
2	linker Leberlappen	**Lobus sinister**
3	Schweiflappen	**Lobus caudatus**
4	quadratischer Lappen	**Lobus quadratus**
5	**sichelförmiges Band**	Ligamentum falciforme
6	**Leberpforte**	Porta hepatis
7	Pfortader	**V. portae**
8	Leberarterie	**A. hepatica**
9	rechter und linker Lebergang	**Ductus hepaticus dexter et sinister**
10	Hauptgallengang	**Ductus choledochus**
10/1	Gallenblasengang	**Ductus cysticus**
11	Gallenblase	**Vesica biliaris**
12	Lebervenen	**Vv. hepaticae**
13	untere Hohlvene	**V. cava inferior**

07-25. Beschriftung der Abbildungen [9]

Nr.	deutsche Bezeichnung	Fachbezeichnung
14	**Zellbalken**	Zellbalken
15	**Glissonsche Trias**	Trias hepatica
16	**Ast der Pfortader**	Ast der V. portae
17	**Ast der Leberarterie**	Ast der A. hepatica
18	**Gallengänge**	Gallengänge
19	**Lebersinusoide**	Lebersinusoide
20	**Gallenkapillare**	Gallenkapillare
21	**Zentralvene**	V. centralis
22	**Schaltvene** (entsteht aus den Zentralvenen)	V. sublobularis

07-26. Makroskopischer Bau der Bauchspeicheldrüse [5]

- Die Bauchspeicheldrüse wird unterteilt in:
  1. Caput pancreatis,
  2. Corpus pancreatis,
  3. Cauda pancreatis.

- Der Hauptausführungsgang der Bauchspeicheldrüse, Ductus pancreaticus, zieht vom Schwanz bis zum Kopf und mündet gemeinsam oder getrennt mit dem Ductus choledochus auf der Papilla duodeni in das Duodenum.

07-27. Beschriftung der extrahepatischen Gallengänge [8]

Nr.	deutsche Bezeichnung	Fachbezeichnung
3/5	Bauchspeichelgang	**Ductus pancreaticus**
4/2	absteigender Teil des Zwölffingerdarms	**Pars descendens duodeni**
4/3	Zwölffingerdarmpapille	**Papilla duodeni**
9/1	rechter und linker Lebergang	**Ductus hepaticus dexter et sinister**
9/2	gemeinsamer Lebergang	**Ductus hepaticus communis**
9/3	Gallenblasengang	**Ductus cysticus**
9/4	Hauptgallengang	**Ductus choledochus**
9/a5	Gallenblase	**Vesica biliaris**

07-28. Mikroskopischer Bau der Bauchspeicheldrüse [12]

- Die Bauchspeicheldrüse ist eine exokrine und endokrine Drüse.

1. exokriner Anteil:

– mehrere tausend 1 – 3 mm große Läppchen, die durch Bindegewebssepten voneinander getrennt sind
– jedes Läppchen besteht aus mehreren hundert Drüsenendstücken (Acini)
– 2 – 4 Acini sind an das Ausführungsgangsystem angeschlossen
– Acini enthalten Drüsenzellen, die folgende Sekrete bilden:

1. eiweißspaltende Enzyme Proteasen
2. kohlenhydratspaltende Enzyme Glykosidasen
3. fettspaltende Enzyme Lipasen

2. endokriner Anteil:

– als Inselorgan bezeichnet, wird von der Gesamtheit der Langerhansschen Inseln gebildet
– der größte Teil liegt im Pankreasschwanz
– der Erwachsene hat ca. 0,5 – 1,5 Millionen Inseln
– in den Langerhansschen Inseln befinden sich

1. A-Zellen, die u. a. Glukagon bilden
2. B-Zellen, die Insulin bilden

07-29. Lage der Bauchspeicheldrüse [6]

- Im Abdomen an der hinteren Bauchwand, retroperitoneal.
- Der Kopf der Bauchspeicheldrüse wird vom Duodenum auf der rechten Seite umschlossen.
- Der Körper der Bauchspeicheldrüse liegt in Höhe des 2. Lendenwirbels und zieht von der rechten zur linken Körperseite.
- Der Schwanz der Bauchspeicheldrüse ragt bis zur Milz.

07-30. bis 44 MC-Fragen [30]

07-30. c, d	07-31. b, d	07-32. a, d	07-33. a, b	07-34. b, d
07-35. a, c	07-36. b, c	07-37. a, d	07-38. c, d	07-39. b, d
07-40. a, d	07-41. b, c	07-42. b, d	07-43. b, c	07-44. c, d

07-45. Funktionen der Abschnitte des Verdauungstraktes [20]

1. Mundhöhle	• Aufnahme der Nahrung • Zerkleinerung der Nahrung • Durchmischen der Nahrung mit Speichel hat zur Folge: 1. Nahrung wird gleitfähig 2. Beginn der Kohlenhydratverdauung
2. Rachen 3. Speiseröhre	• Transport des Speisebreies
4. Magen	• Durchmischen der Nahrung mit Magensaft hat zur Folge: 1. Verflüssigung des Speisebreies 2. Abtöten von Krankheitserregern 3. Quellung kollagener Fasern 4. Beginn der Eiweißverdauung 5. Abgabe an den Dünndarm
5. Dünndarm	• weitere Verflüssigung der Nahrung • Transport des Speisebreies • Abbau von Fetten, Eiweißen und Kohlenhydraten • Resorption von Nahrungsbestandteilen
6. Dickdarm	• Wasserentzug • Umwandlung unverdauter Nahrungsbestandteile durch Fäulnis und Gärung • Speicherung und Transport des Kotes

07-46. Faktoren, die die Magensaftsekretion auslösen [10]

1. Psychisch – nervale Einflüsse

- Nahrungsaufnahme in den Mund führt zu bedingten Reflexen über Geschmacks-, Geruchs- und Sehnerven
- Glukosemangel im Gehirn
- Aggressionen

2. Lokale Einflüsse

- durch Kontakt des Speisebreies mit der Wand des Pars pylorica wird Gastrin ausgeschüttet
- Gastrin als Gewebshormon wird über den Blutweg zum Fundus geleitet und bewirkt dort die Freisetzung von Magensaft
- chemische Faktoren (Kaffee, Alkohol) führen ebenfalls zur Gastrinausschüttung

3. Intestinale Einflüsse

- gelangt Speisebrei in das Duodenum, wird rückwirkend auf endokrinem Weg Magensaft freigesetzt

07-47. Sekrete der Verdauungsabschnitte [10]

• Mundspeichel	ca.	1.500ml
• Magensekret	ca.	2.000ml
• Galle	ca.	500ml
• Bauchspeichelsekret	ca.	1.500ml
• Dünndarmsekret	ca.	1.500ml

07-48. Funktionen der Leber

[18]

1. Fettstoffwechsel	• Abbau von Fettsäuren in den Mitochondrien der Leber durch ß-Oxydation zum Zweck der Energiegewinnung
2. Kohlenhydratstoffwechsel	• Glukoneogenese – aus Milchsäure oder aus Abbauprodukten der Eiweiße • Umwandlung von Glucose in Glykogen – überschüssiger Blutzucker wird z. T. in der Leber gespeichert und damit der Blutzuckerspiegel konstant gehalten
3. Eiweißstoffwechsel	• Bildung von Plasmaproteinen über V. portae ankommende Aminosäuren werden umgewandelt in: 1. Albumine 2. Globuline 3. Gerinnungsfaktoren
4. Abbau und Entgiftungsfunktion	• Giftstoffe werden wasserlöslich gemacht, so daß sie über die Nieren besser ausgeschieden werden können • Hormone werden abgebaut und damit inaktiviert
5. Bildung der Galle	• Gallensäuren entstehen aus dem Cholesterinstoffwechsel • Bilirubin entsteht aus dem Abbau von Hämoglobin

Urogenitalsystem
Antworten

08-01. Beschriftung der Niere [10]

Nr.	deutsche Bezeichnung	Fachbezeichnung
1	Bindegewebskapsel	**Capsula fibrosa**
2	Nierenrinde	**Cortex renalis**
3	Nierensäule	**Columna renalis**
4	Nierenpyramiden	**Pyramides renales**
5	Nierenpapille	**Papilla renalis**
6	Nierenkelch	**Calix renalis**
7	Nierenbecken	**Pelvis renalis**
8	Harnleiter	**Ureter**
9	Nierenvene	**V. renalis**
10	Nierenarterie	**A. renalis**

08-02. Lage der Nieren [7]

- Rechts und links von der Wirbelsäule:

	rechte Niere	linke Niere
• obere Begrenzung	12. Brustwirbel	11. Brustwirbel
• untere Begrenzung	Oberkante 3. Lendenwirbel	Unterkante 3. Lendenwirbel

- retroperitoneal
- Nierenhilus ist nach medial gerichtet

08-03. Makroskopischer Bau der Nieren [16]

- Die Nieren werden von einer Bindegewebskapsel, Capsula fibrosa und von einer Fettkapsel, Capsula adiposa, umgeben, die zusammen von einem Fasziensack eingeschlossen werden.
- Im Schnittbild lassen sich folgende Strukturen erkennen:
  - Rindenschicht, Cortex renalis liegt außen,
  - Nierenmark, Medulla renalis liegt innen,
  - Nierenmark ist pyramidenförmig aufgebaut, wobei die Pyramidenspitzen, Papillae renales in das Nierenbecken, Pelvis renalis hineinragen,
  - Pyramidenspitzen werden von den Nierenkelchen, Calices renales umschlossen,
  - Anzahl der Markpyramiden ist verschieden, durchschnittlich 8 Pyramiden pro Niere,
  - zwischen den Markpyramiden liegen Nierensäulen, Columnae renales,
  - am Nierenhilus, Hilum renale, zieht die A. renalis hinein und die V. renalis und der Ureter ziehen heraus.

08-04. Aufbau des Nephron [20]

Nephron		
Nierenkörperchen (Corpusculum renale)		**Tubulus renalis**
Gefäßknäuel (Glomerulus)	Bowmansche Kapsel (Capsula glomerularis)	1. Tubulus proximalis • Pars convoluta (gewundener Teil)
• besteht aus vielen Kapillarschlingen, die aus der afferenten Arteriole hervorgehen und sich in der efferenten Arteriole wieder vereinigen (arterielles Wundernetz der Niere)	• das äußere (parietale) Blatt geht am Gefäßpol in das innere (viszerale) Blatt über • das viszerale Blatt überzieht die Kapillarschlingen und bildet mit dem Gefäßendothel die Filtermembran • gegenüber dem Gefäßpol befindet sich der Harnpol, in den der Primärharn abfließt	***Henlesche Schleife*** • *Pars recta (gerader Teil* *2. Tubulus intermedius* • *Pars descendens (dünner, absteigender Schleifenschenkel)* • *Pars ascendens (dünne aufsteigender Schleifenschenkel)* *3. Tubulus distalis* • *Pars recta (dicker aufsteigender Schleifenschenkel)*
		• Pars convoluta (gewundener Teil)

08-05. Beschriftung des Nephron [17]

Nr.	deutsche Bezeichnung	Fachbezeichnung
1	**Nierenkörperchen**	Corpusculum renale
2	**Bowmansche Kapsel**	Capsula glomeruli
2/1	**äußeres Blatt**	parietales Blatt
2/2	**inneres Blatt**	viszerales Blatt
3	Gefäßknäuel	**Glomerulus**
3/1	zuführende Arteriole	**afferente Arteriole, Arteriola afferens**
3/2	abführende Arteriole	**efferente Arteriole, Arteriola effenrens**
4	Gefäßpol	**Gefäßpol**
5	Harnpol	**Harnpol**
6/1	**proximaler Tubulus / gewundener Teil**	Tubulus proximalis / Pars convoluta
6/2	**proximaler Tubulus / gerader Teil**	Tubulus proximalis / Pars recta
7/1	**intermediärer Tubulus / dünner, absteigender Schleifenschenkel**	Tubulus intermedius / Pars descendens
7/2	**intermediärer Tubulus / dünner aufsteigender Schleifenschenkel**	Tubulus intermedius / Pars ascendens
8/1	**distaler Tubulus / gerader Teil**	Tubulus distalis / Pars recta
8/2	**distaler Tubulus / gewundener Teil**	Tubulus distalis / Pars convoluta
9	**Sammelrohr**	Tubulus renalis colligens
10	**Gefäße des Nierenmarks**	Gefäße des Nierenmarks

08-06. Lage der Harnblase [7]

- Vesica urinaria liegt im kleinen Becken,
- hinter der Symphyse, median.
- Die Harnblase ist im subperitonealen Bindegewebe fixiert,
- sie liegt subperitoneal

Mann	Frau
• an der Unterfläche der Harnblase liegt die Prostata, • hinter der Harnblase liegen die Samenbläschen und der Mastdarm.	• hinter der Harnblase liegen Vagina und Gebärmutterhals.

08-07. Makroskopischer Bau der Harnblase [7]

- Oben liegt der Harnblasenscheitel, Apex vesicae.
- Nach unten schließt sich der Harnblasenkörper, Corpus vesicae an.
- Nach hinten und unten folgt ein ausladender Teil, der Blasengrund, Fundus vesicae.
- Die Harnleiter, Ureter dextra et sinistra, münden von oben kommend spitzwinklig in den Blasengrund.
- Vorne unten liegt der Blasenhals, Cervix vesicae, der in die Harnröhre, Urethra übergeht.

08-08. Filtrationsvorgang in der Niere [8]

- Das Blut gelangt über afferente Arteriole in das Glomerulus.
- 1/5 des Plasmawassers und niedermolekulare Stoffe z. B. Elektrolyte, Aminosäuren, Glucose werden durch das viszerale Blatt der Bowmanschen Kapsel und durch das Kapillarendothel abgepreßt.
- Das entstehende Glomerulusfiltrat wird als Primärharn bezeichnet.
- Der Filtrationsvorgang ist druckabhängig und kann zwischen 80 und 200 Torr autoregulativ konstant gehalten werden.
- Unter 80 Torr sinkt die glomeruläre Filtrationsrate schnell ab, so daß eine Anurie entsteht.

08-09. Entstehung des Harns aus dem Primärharn [10]

- Pro Tag werden in beiden Nieren etwa 180 Liter plasmaisotoner Primärharn gebildet, d. h. das Plasmavolumen von ca. 3 Liter wird in 24h 60 mal die Nierentubuli durchlaufen.
- Im proximalen Tubulus werden 2/3 des Primärharns resorbiert.
- Treibende Kräfte dafür sind:
  1. durch die ablaufende Resorption von Na^+, Cl^-, HCO_3^- muß Wasser zum osmotischen Ausgleich folgen;
  2. der onkotische Druck in den peritubulären Kapillaren ist erhöht, da Proteine zu 99,9% bei der Filtration im Blut verblieben sind.
- In der Henleschen Schleife wird durch das Gegenstromprinzip der Harn konzentriert.
- Aus dem geraden aufsteigenden Abschnitt des distalen Tubulus wird aktiv NaCl in das Interstitium transportiert.
- Wasser kann dem NaCl nicht folgen, so daß der Harn hypoton wird.
- K^+ und Ammoniak (NH_3) werden in den distalen Tubulus abgesondert.
- Im Sammelrohr wird unter Wirkung von ADH Wasser entzogen, so daß der fertige Urin, ca. 1,5 Liter, entsteht und in das Nierenbecken abgegeben werden kann.

08-10. Regulationsmechanismen bei Wassermangel [4]

- Bei Wassermangel wird der Extrazellularraum (EZR) hyperton.
- Vom Hypophysenhinterlappen wird daraufhin ADH (Antidiuretisches Hormon) ausgeschüttet.
- ADH bewirkt eine verstärkte Wasserrückresorption im Sammelrohr und damit eine verminderte Wasserausscheidung.
- Gleichzeitig auftretendes Durstgefühl fordert zur Flüssigkeitsaufnahme auf.

08-11. Regulationsmechanismen bei Salzmangel [7]

- Bei Salzmangel wird der Extrazellularraum (EZR) hypoton.
- Dies führt zur verstärkten Wasserausscheidung durch die Nieren und damit zur Abnahme des Plasmavolumens.
- Die damit verbundene Blutdruckabnahme führt zur Ausschüttung von Angiotensin 2.
- Dieser Vorgang löst Durst aus und führt zur Ausschüttung von Aldosteron.
- Aldosteron bewirkt eine verstärkte Na^+ Resorption und damit eine verminderte Wasserausscheidung.
- Gleichzeitig auftretendes Durstgefühl fordert zur Flüssigkeitsaufnahme auf.

08-12. bis 21. MC-Fragen [18]

08-12. a, d	08-13. a, d	08-14. c	08-15. c	08-16. b, d
08-17. c, d	08-18. a, d	08-19. b, c	08-20. b, d	08-21. c, d

08-22. Lage und Bau der Hoden, Testes! [18]

1. Lage:

- Die Hoden liegen im Hodensack, Skrotum.
- Hoden werden von Hodenhüllen umgeben, die beim Absteigen der Hoden aus der Bauchhöhle in den Hodensack mit herunterwandern. Die Hodenhüllen werden gebildet von den Schichten der vorderen Bauchwand. Daran sind beteiligt:
  – Peritoneum,
  – Muskelfaszien.
  – subkutanes Bindegewebe.
- Dorsal sind die Hoden mit den Gefäßen des Samenstranges verbunden und liegen den Nebenhoden an.

2. Bau:

- Jeder Hoden hat zusammen mit dem Nebenhoden eine Masse von ca. 20 – 30 g.
- Das Hodengewebe ist von einer derben Kapsel, Tunica albuginea, umgeben und
- wird durch bindegewebige Septen, Septula testis, in viele Hodenläppchen, Lobuli testis, gekammert.
- In den Septen verlaufen Blut- und Lymphgefäße.
- Die Septen verlaufen zum Hodennetz, Rete testis.
- In den Hodenläppchen befinden sich Samenkanälchen, die in das Hodennetz münden.
- Zwischen den Samenkanälchen befindet sich interstitielles Gewebe, in dem sich Leydig-Zellen, Blutgefäße, Lymphgefäße und Nerven befinden.
- In den Samenkanälchen werden die Spermien gebildet.
- Die Leydig-Zellen bilden das männliche Sexualhormon, Testosteron.

08-23. Bau des Nebenhodens [7]

- Der Nebenhoden liegt an der Hinterseite des Hoden und wird unterteilt in:
  1. Nebenhodenkopf, Caput epididymidis,
  2. Nebenhodenkörper, Corpus epididymidis,
  3. Nebenhodenschweif, Cauda epididymidis.
- Der Nebenhoden wird von einer dünnen Tunica albuginea überzogen.
- Die Samenkanälchen münden in das Hodennetz.
- Vom Hodennetz geht der Nebenhodengang, Ductus epididymidis, ab, der ca. 6 m lang ist und in dem es zur Ausreifung der Spermien kommt.

08-24. Verlauf des Samenleiters [12]

Der Samenleiter, Ductus deferens, wird in 5 Abschnitte unterteilt:

1. **Samenstrangabschnitt, Pars funiculi spermatici**
   – verläuft im Samenstrang zusammen mit Arterien, Venen, Lymphgefäßen und Nerven kranial bis zum Leistenkanal.
2. **Leistenkanalabschnitt, Pars inguinalis**
   – zieht von außen nach innen durch den Leistenkanal.
3. **Beckenabschnitt, Pars pelvina**
   – zieht an der Wand des kleinen Beckens zum Blasengrund, kreuzt den Ureter.
4. **Weiter Teil des Samenleiters, Ampulla ductus deferentis**
   – Samenleiter erweitert sich zur Ampulla ductus deferentis.
5. **Spritzkanal, Ductus ejaculatorius**
   – in den Spritzkanal mündet der Ausführungsgang der Bläschendrüse
   – der Spritzkanal zieht in die Vorsteherdrüse, Prostata, und mündet auf dem Samenhügel, Colliculus seminalis, in die Harnröhre.

08-25. Lage, Bau und Funktion der akzessorischen Geschlechtsdrüsen des Mannes [25]

1. Bläschendrüse, Glandula vesiculosa

Lage	Bau	Funktion
• hinter der Harnblase, am Blasengrund angewachsen • vor dem Rektum	• ovale, abgeflachte Form • 5 cm lang, 1 cm breit, 1 cm dick • im Inneren ein 15 cm langer Gang, der in den Ductus ejaculatorius mündet	• produziert ein gelantinöses Sekret, das 50 – 80 % der Flüssigkeit des Ejakulats ausmacht • schwach alkalisch • reich an Proteinen • enthält Fruktose, die für den Bewegungsstoffwechsel der Spermien notwendig ist

2. Vorsteherdrüse, Prostata

Lage	Bau	Funktion
• unterhalb der Harnblase • vor dem Rektum • ragt nach unten bis zum Beckenboden	• 3 cm lang, 4 cm breit, 2 cm dick • wird von einer derben bindegewebigen Kapsel umgeben • besteht aus Bindegewebe mit viel glatter Muskulatur und Prostatadrüsen • durch die Prostata zieht der 1. Abschnitt der Harnröhre, Pars prostatica urethrae	• 15 – 30 % der Flüssigkeitsmenge des Ejakulats liefert die Prostata • das Sekret ist dünnflüssig, farblos und reagiert schwach sauer

3. Cowpersche Drüsen, Glandulae bulbourethrales

Lage	Bau	Funktion
• oberhalb des Bulbus penis • hinter dem Beckenbodenabschnitt der Harnröhre, Pars membranacea urethrae	• linsengroß • tubulöse Drüsen, die von glatter Muskulatur umgeben sind • 5 cm langer Ausführungsgang mündet von hinten unten in den Schwellkörperabschnitt der Harnröhre in den weiten Teil, Pars spongiosa urethrae, Ampulla urethrae	• bei sexueller Erregung wird ein klares, schleimiges Sekret in die Urethra abgegeben, das bis zur äußeren Harnröhrenmündung vordringt • das Sekret dient als Gleitmittel für den Penis in der Vagina

08-26. Aufbau des Penis

[18]

Das männliche Glied, Penis, besteht aus den:

1. paarigen Penisschwellkörpern, Corpora cavernosa penis.
- Beginnen an den unteren Schambeinästen, Rami inferiores pubes.
- Ziehen in Form von zwei Schenkeln, umgeben von den beiden Mm. ischiocavernosi bis zum Unterrand der Symphyse.
- Hier vereinigen sich die beiden Schenkel zum Penisschaft, Corpus penis, der von einer derben bindegewebigen Kapsel, Tunica albuginea, umgeben ist.

2. Schwellkörper der Harn-Samen-Röhre, Corpus spongiosum urethrae.
- Dieser Schwellkörper beginnt zwischen den Schenkeln der paarigen Penisschwellkörper in Form einer kolbigen Verdickung, Bulbus penis.
- Er zieht an der Unterseite des Penis entlang, nimmt in sich die Harn-Samen-Röhre auf und endet vorne am Penis mit der Eichel, Glans penis.
- Der Schwellkörper der Harn-Samen-Röhre ist von einer dünnen bindegewebigen Kapsel, Tunica albuginea, umgeben, aber fest mit den paarigen Penisschwellkörpern verbunden.
- Die Glans penis wird von einer verschiebbaren Haut des Corpus penis, Praeputium, überzogen.

Innerer Aufbau der Schwellkörper

1. Aufbau der Corpora cavernosa:
   - Sie enthalten Geflechte glatter Muskulatur, die von Hohlräumen, Cavernen durchzogen werden.
   - Die Cavernen können eine unterschiedliche Blutmenge aufnehmen.
   - In den Gefäßwänden ist reichlich glatte Muskulatur eingelagert, so daß der Blutabfluss gedrosselt werden kann und somit eine Erektion möglich wird.
2. Aufbau des Corpus spongiosum urethrae:
   - Cavernen sind weniger stark von glatter Muskulatur umgeben.

08-27. Männlichen Harnröhre

[22]

Abschnitte	Verlauf	strukturelle Besonderheiten
1. Pars intramuralis	• sehr kurz • beginnt in der Harnblase am Ostium urethrae internum • zieht bis zur Prostata	• dorsale längsverlaufende Falte, die bis zum Samenhügel zieht
2. Pars prostatica	• 3,5 cm lang • durchzieht die Prostata	• dorsal liegt der Samenhügel, Colliculus seminalis, mit der Einmündung der beiden Spritzkanäle • neben dem Samenhügel sind 15 – 30 kleine Poren, die Mündungen der Prostatadrüsen sind
3. Pars membranacea	• 1 – 2 cm lang • durchzieht den Beckenboden, Diaphragma urogenitale	• keine
4. Pars spongiosa	• 15 cm lang • verläuft im Penis, umgeben vom Schwellkörper der Harn-Samen-Röhre, corpus spongiosum urethrae, bis zur äußeren Harnröhrenmündung, Ostium urethrae externum	• gleich zu Beginn erweitert sich die Harnröhre zur Ampulla urethrae • hier münden die Ausführungsgänge der Cowperschen Drüsen • enthält längsverlaufende Schleimhautfalten • vor dem Ostium urethrae externum erweitert sich die Harnröhre zu einer kahnartig geformten Grube, Fossa navicularis

08-28. Beschriftung

[14]

Nr.	deutsche Bezeichnung	Fachbegriff
1	Harnblase	**Vesica urinaria**
2	Harnleiter	**Ureter**
3	Mastdarm	**Rektum**
4	**Peritonealraum zwischen Mastdarm und Harnblase**	Excavatio rectovesicalis
5/2	Abschnitt der Harnröhre in der Vorsteherdrüse	**Pars prostatica urethrae**
5/3	Abschnitt der Harnröhre im männlichen Glied	**Pars spongiosa urethrae**
6	Vorsteherdrüse	**Prostata**
7	**Bläschendrüse**	Glandula vesiculosa
8	männliches Glied	**Penis**
9	**Cowpersche Drüsen**	Glandulae bulbourethrales
10	Hoden	**Testis**
11	Hodensack	**Skrotum**
12	Nebenhoden	**Epididymis**
13/1	Samenleiter	**Ductus deferens**

08

08-29. Beschriftung [15]

Nr.	deutsche Bezeichnung	Fachbezeichnung
1/1	Scheitel der Harnblase	**Apex vesicae**
1/2	Körper der Harnblase	**Corpus vesicae**
1/3	**Harnblasendreieck**	Trigonum vesicae
1/4	Grund der Harnblase	**Fundus vesicae**
1/5	**Harnleiteröffnungen**	Ostia ureterum
2	Harnleiter	**Ureter**
5/1	innere Harnröhrenöffnung	**Ostium urethrae internum**
5/2	Vorsteherdrüsenabschnitt der Harnröhre	**Pars prostatica urethrae**
5/3	Beckenbodenabschnitt der Harnröhre	**Pars membranacea urethrae**
5/4	Schwellkörperabschnitt der Harnröhre	**Pars spongiosa urethrae**
5/5	äußere Harnröhrenöffnung	**Ostium urethrae externum**
6	Vorsteherdrüse	**Prostata**
7	Bläschendrüse	**Glandula vesiculosa**
8/1	paarige Penisschwellkörper	**Corpora cavernosa penis**
8/2	Eichel des Penis	**Glans penis**
9	Cowpersche Drüse	**Glandula bulbourethralis**

08-30. bis 39. MC-Fragen [20]

08-30. a, b	08-31. a, d	08-32. b, c	08-33. b, d	08-34. a, c
08-35. b, d	08-36. c, d	08-37. a, d	08-38. a, d	08-39. c, d

08-40. Lage und Bau der Eierstöcke (Geburtshilfe) [12]

1. Lage:
- an der seitlichen Wand des kleinen Beckens
- intraperitoneal

2. Bau:
- außen liegt die Rindenzone, Cortex ovarii, die von außen nach innen aus folgenden Schichten besteht:
  1. Epithelium superficiale kubisches Epithel
  2. Tunica albuginea kollagenreiche, follikelfreie Schicht
  3. Stroma ovarii enthält Primärfollikel
- innen liegt die Markschicht, Medulla ovarii:
  – sie ist frei von Follikeln
  – besteht aus Bindegewebe, Blut- u. Lymphgefäßen

08-41. Bau der Gebärmutter (Geburtshilfe) [12]

- Die Gebärmutter, Uterus, ist birnenförmig.
- Der Uterus besteht aus:
  Gebärmutterkörper, Corpus uteri, ist oben vom Gebärmuttergrund, Fundus uteri, bedeckt und geht nach unten in den Gebärmutterhals, Cervix uteri über.
- Der Gebärmutterhals beginnt mit einer engen Stelle, Isthmus uteri, in dem sich der innere Muttermund, Ostium internum uteri, befindet.
- Ein Teil des Gebärmutterhalses, Portio vaginalis, ragt in die Vagina hinein, in dem sich der äußere Muttermund, Ostium externum uteri, befindet.
- Bei der Nullipara ist der äußere Muttermund grübchenförmig; bei der Multipara eingekerbt.
- Im Inneren der Gebärmutter ist die dreieckförmige Gebärmutterhöhle, Cavitas uteri, die im Gebärmutterhals in den Gebärmutterhalskanal, Canalis cervicis uteri, übergeht.
- Die Eileiter münden über das Ostium uterinum tubae in das Cavum uteri.

08-42. Lage, Bau und Schichtaufbau der Eileiter (Geburtshilfe) [22]

1. Lage:

- Der paarige Eileiter, Tuba uterina, liegt im kleinen Becken, intraperitoneal.
- Er zieht von der seitlichen Wand des kleinen Beckens bogenförmig um den Eierstock, zieht medial und mündet unterhalb des Gebärmuttergrundes seitlich in die Gebärmutter

2. Bau:

- Der Eileiter besteht aus vier Abschnitten:
  1. Tubentrichter, Infundibulum tubae uterinae
     - Trichter mit Öffnung zur Bauchhöhle, Ostium abdominale
     - Rand mit Fransen versehen, Fimbriae tubae
     - eine besonders lange Franse, Fimbria ovarica, ist mit dem Ovar verbunden
  2. Ampulle, Ampulla tubae uterinae
     - weiter Teil, der sich an den Trichter anschließt
  3. enger Teil des Eileiters, Isthmus tubae uterinae
     - schließt sich an die Ampulle an
  4. intramuraler Teil, Pars uterina tubae
     - verläuft in der Wand des Uterus und endet am Ostium uterinum tubae in das Cavum uteri

3. Schichtaufbau:

1. Schleimhaut, Tunica mucosa, liegt innen
   - längs verlaufende Schleimhautfalten verengen das Lumen
   - einschichtiges kubisches bis prismatisches Epithel mit Mikrovilli und schleimbildenden Drüsen sowie Flimmerzellen, deren Bewegung uteruswärts verläuft
2. Muskelschicht, Tunica muscularis
   - glatte Muskulatur, die überwiegend innen längsförmig und außen ringförmig verläuft
3. seröse Außenschicht, Tela subserosa
   - besteht aus Bauchfell und enthält Blutgefäße und Nerven

08-43. Schichtenaufbau der Gebärmutter (Geburtshilfe) [18]

Die Gebärmutter besteht aus vier Schichten.

1. Endometrium – wird in drei Schichten unterteilt:

• Epithel
– Das Oberflächenepithel wird durch einschichtig hochprismatisches Epithel mit Flimmerzellen und Mikrovilli gebildet.

• Stratum functionale
– Diese Schicht unterliegt während der geschlechtsreifen Zeit der Frau zyklischen Veränderungen.
– Während der Menstruation wird sie abgestoßen und unterliegt folglich Schwankungen von 1 – 7 mm Dicke.
– Im Cervix uteri ist die Schicht dünner und wird nicht abgestoßen.
– Das Stratum functionale besteht aus zellreichem, faserarmen Bindegewebe, in dem Drüsen und Blutgefäße eingelagert sind.

• Stratum basale
– Diese Schicht wird während der Menstruation nicht abgestoßen und bleibt konstant 1mm dick.
– Das Stratum basale besteht aus Bindegewebe, in dem Endabschnitte der Drüsen und Basalarterien vorkommen.

2. Myometrium
- Ist die dickste Schicht.
- Das Myometrium wird von glatter Muskulatur gebildet, die gut durchblutet ist und aus drei Schichten besteht.
- Innen und außen verlaufen die Muskelfasern im Corpus uteri parallel zur Längsachse, in der Mitte zirkulär.
- Im muskelschwachen Cervix uteri verlaufen Muskelfasern hauptsächlich zirkulär.
- Eine besonders hohe Festigkeit wird durch Einlagerung von kollagenen und elastischen Fasern erreicht.

3. Perimetrium
- Überzieht den Uterus an der Vorder- und Hinterfläche und besteht aus Peritoneum.
- An den Seiten befinden sich Bänder des Parametrium.

08-44. Verlauf, Bau und Schichtaufbau der Vagina (Geburtshilfe) [22]

1. Verlauf:
- Die Vagina beginnt beginnt an der Portio uteri.
- Sie zieht hinter der Harnröhre und vor dem Mastdarm kaudal durch Beckenmuskulatur hindurch.
- Endet im Scheidenvorhof.

2. Bau:
- Im ungedehnten Zustand ist die Vagina ein platter Schlauch, dessen Lumen spaltförmig ist.
- Da die Portio vaginalis cervicis in die Vagina hineinragt, wird die Vagina in ein vorderes, hinteres sowie die seitlichen Scheidengewölbe unterteilt, Fornix vaginae pars anterior, pars posterior et pars laterales.
- Die hintere Vaginalwand ist ca. 8 – 10 cm lang und damit ca. 2 cm länger als die vordere.
- Der Vaginaleingang, Introitus vaginae, wird vom Hymen bzw. von den hymenalen Resten, Carunculae hymenales umrandet.
- In der Vagina befinden sich Querfalten, Rugae vaginales, die am Scheideneingang hoch sind.

→

3. Schichtaufbau:

- Die Vagina läßt sich in drei Schichten untergliedern:
  1. Tunica mucosa vaginae
     – mehrschichtig unverhorntes Plattenepithel, im Regelfall ohne Drüsen,
     – Vaginalsekrete stammen z. T. aus dem Cervix uteri bzw. entstehen in der Vagina durch Transsudation,
     – durch den Abbau von Glykogen in Milchsäure durch Döderleinsche Bakterien ist der pH-Wert 4 – 5, chemische Barriere für Bakterien.
  2. Tunica muscularis vaginae
     – glatte Muskelfasern bilden eine Netzstruktur, die in die Zervixmuskulatur und Dammmuskulatur strahlt.
  3. Adventitia
     – gefäßreiche Bindegewebsschicht, die in die benachbarten Organe übergeht.

08-45. Bau der äußeren weiblichen Geschlechtsorgane (Geburtshilfe) [35]

1. Mons pubis (Schamberg)

- dreieckförmiges Haut-Fett-Polster über Symphysis pubica,
- Pubes (Schamhaare) kranial–geradlinig, quer,
- kaudal bis zur Commissura labiorum posterior.

2. Labium majus pudendi - Labia majora pudendi (große Schamlippen)

- länglich behaarte Hautfalten,
- verschließen bei geschlossenen Oberschenkeln die Rima pudendi (Schamspalte),
- Rima pudendi wird begrenzt
  – vorn: Commissura labiorum anterior,
  – hinten: Commissura labiorum posterior,
- Außenseite – Haare mit Talg und Schweißdrüsen,
- Innenseite – nur Talgdrüsen,
- Subkutis – Fettpolster,
- unter den großen Schamlippen ist ein Venenplexus, der als Schwellkörper fungiert.

3. Labium minus pudendi - Labia minora pudendi (kleine Schamlippen)

- werden bei geschlossenen Beinen von den großen Schamlippen bedeckt,
- stellen Hautlappen dar,
- vorn: gehen sie in das Frenulum clitoridis über und vereinigen sich in der Glans clitoridis
- hinten: vereinigen sie sich im Frenulum labiorum pudendi
- Haut:
  – dünnes mehrschichtig unverhorntes Plattenepithel
  – unbehaart
  – Talgdrüsen
  – keine Schweißdrüsen
  – kein Fettgewebe

4. Vestibulum vaginae (Scheidenvorhof)

- liegt zwischen den kleinen Schamlippen und dem Hymen
- es münden Urethra und Vagina
- Haut entspricht dem Aufbau der kleinen Labien
- Ostium urethrae externum dorsal der Klitoris
- lateral an der Unterseite der kleinen Labien sind die Schwellkörper des Vorhofs, Bulbi vestibuli

→

08

5. Bartholinsche Drüsen (Glandulae vestibulares majores)
- bohnengroße exokrine Drüsen
- liegen zwischen Diaphragma urogenitale und dem hinteren Ende des Bulbus vestibuli
- Ausführungsgänge münden seitlich in den Scheidenvorhof
- Funktion: Befeuchtung des Scheidenvorhofs

6. Introitus vaginae (Scheideneingang)
- wird vor dem 1. Koitus vom Hymen (Jungfernhäutchen) bis auf ca. 1 cm verschlossen
- reißt beim 1. Koitus ein
- Reste am Rand in Form von „Carunculae hymenales“

08-46. Beschriftung [8]

Nr.	deutsche Bezeichnung	Fachbegriff
1	Gebärmutter	**Uterus**
2	Eileiter	**Tuba uterina**
3	Eierstock	**Ovarium**
4	Scheide	**Vagina**
5	Harnblase	**Vesica urinaria**
6	weibliche Harnröhre	**Urethra feminina**
7	Mastdarm	**Rektum**
8	Peritonealraum zwischen Harnblase und Gebärmutter	Excavatio vesicouterina
9	Peritonealraum zwischen Mastdarm und Gebärmutter	**Excavatio rectouterina / Douglasscher Raum**
10	Kitzler	Clitoris
11	kleine Schamlippen	Labia minora pudendi
12	große Schamlippen	Labia majora pudendi

08-47. Beschriftung (Geburtshilfe) [24]

Nr.	deutsche Bezeichnung	Fachbezeichnung
1	Gebärmutter	**Uterus**
1/1	Gebärmuttergrund	**Fundus uteri**
1/2	Gebärmutterkörper	**Corpus uteri**
1/3	Gebärmutterenge / innerer Muttermund	**Isthmus uteri / Ostium internum uteri**
1/4	Gebärmutterhals	**Cervix uteri**
1/5	Vorwölbung des Gebärmutterhalses in die Scheide	**Portio vaginalis**
1/6	Gebärmutterhöhle	**Cavitas uteri**

Nr.	deutsche Bezeichnung	Fachbezeichnung
1/7	Gebärmutterhalskanal	**Canalis cervicis uteri**
1/8	äußerer Muttermund	**Ostium externum uteri**
1/9	Gebärmutterschleimhaut	**Endometrium**
1/10	Gebärmuttermuskulatur	**Myometrium**
1/11	Außenschicht der Gebärmutter	**Perimetrium**
2	Eileiter	**Tuba uterina**
2/1	Fransen / Fimbrien	**Fimbriae tubae**
2/2	Tubentrichter	**Infundibulum tubae uterinae**
2/3	Ampulle des Eileiters	**Ampulla tubae uterinae**
2/4	Eileiterenge	**Isthmus tubae uterinae**
2/5	intramuraler Teil des Eileiters / Öffnung des Eileiters in die Gebärmutterhöhle	**Pars uterina tubae / Ostium uterinum tubae**
3	Eierstock	**Ovarium**
4	Scheide	**Vagina**
13/1	breites Mutterband	**Ligamentum latum**
13/2	Eileitergekröse	**Mesosalpinx**
13/3	rundes Mutterband	**Ligamentum teres uteri**
14	Eierstockarterie / Eierstockvenen	**A. ovarica / Vv. ovaricae**

Beschriftung [20]

Nr.	deutsche Bezeichnung	Fachbezeichnung
1	Gebärmutter	**Uterus**
1/1	Gebärmuttergrund	**Fundus uteri**
1/2	Gebärmutterkörper	**Corpus uteri**
1/3	Gebärmutterenge / innerer Muttermund	**Isthmus uteri / Ostium internum uteri**
1/4	Gebärmutterhals	**Cervix uteri**
1/5	Vorwölbung des Gebärmutterhalses in die Scheide	**Portio vaginalis**
1/6	Gebärmutterhöhle	**Cavitas uteri**
1/7	**Gebärmutterhalskanal**	Canalis cervicis uteri
1/8	**äußerer Muttermund**	Ostium externum uteri
1/9	Gebärmutterschleimhaut	**Endometrium**
1/10	Gebärmuttermuskulatur	**Myometrium**
1/11	Außenschicht der Gebärmutter	**Perimetrium**
2	Eileiter	**Tuba uterina**
2/1	**Fransen / Fimbrien**	Fimbriae tubae
2/2	**Tubentrichter**	Infundibulum tubae uterinae

08

Nr.	deutsche Bezeichnung	Fachbezeichnung
2/3	**Ampulle des Eileiters**	Ampulla tubae uterinae
2/4	**Eileiterenge**	Isthmus tubae uterinae
2/5	**intramuraler Teil des Eileiters / Öffnung des Eileiters in die Gebärmutterhöhle**	Pars uterina tubae / Ostium uterinum tubae
3	Eierstock	**Ovarium**
4	Scheide	**Vagina**
13/1	breites Mutterband	Ligamentum latum
13/2	Eileitergekröse	Mesosalpinx
13/3	rundes Mutterband	Ligamentum teres uteri
14	Eierstockarterie / Eierstockvenen	A. ovarica / Vv. ovaricae

08-48. Zyklische Veränderungen im Uterus

[28]

Der Menstruationszyklus, der im Durchschnitt 28 Tage dauert, wird in vier Phasen unterteilt in:

1. Desquamationsphase
2. Proliferationsphase
3. Sekretionsphase
4. Ischämische Phase

Zum besseren Verständnis wird nicht mit der Desquamationsphase begonnen.

– Proliferationsphase, ca. 10 Tage:

- Diese Phase schließt sich direkt an die Menstruation an.
- Das Endometrium besteht zu diesem Zeitpunkt nur aus dem Stratum basale.
- Das Epithel ist bereits gebildet.
- Unter dem Einfluß von Östrogenen baut das Stratum basale das Stratum functionale wieder auf.
- Epithelzellen werden größer.
- Drüsen verlängern sich.
- Bindegewebszellen vermehren sich und bilden kollagene und retikuläre Fasern.
- Gefäße wachsen ein, es entstehen Spiralarterien.

– Sekretionsphase, ca. 14 Tage

- Sie beginnt mit dem Eisprung, Ovulation.
- Steht unter Einfluß von Gestagenen, die vom Corpus luteum gebildet werden.
- Drüsen vergrößern sich und nehmen viel Glykogen auf.
- Bindegewebszellen vergrößern sich und bilden weiter Fasern.
- Gefäße verlängern sich, Windungen der Gefäße nehmen zu.

– Ischämische Phase, ca. wenige Stunden

- Rückbildung des Corpus luteum führt zur Senkung des Progesteronspiegels.
- Folge:
  - Drüsen bilden keine Sekrete mehr,
  - Schleimhaut schrumpft,
  - Kontraktion der Muskulatur der Spiralarterien führt zur Ischämie,
  - Schädigung der Uterusschleimhaut.

– Desquamationsphase, ca. 4 Tage

- Ablauf wird bestimmt durch weiteren Abfall des Östrogen- und Gestagenspiegels.
- Eine Erweiterung der Blutgefäße führt zu Blutungen in das geschädigte Gewebe mit anschließender Abstoßung des Stratum functionale.
- Durchschnittlicher Blutverlust 35 – 50 ml.
- Noch während der Menstruation regeneriert die Oberfläche, Drüsen vermehren sich und das Oberflächenepithel wird gebildet.

08-49. bis 58. MC-Fragen **[20]**

08–49. b, d	08–50. c, d	08–51. a, b	08–52. a, c	08–53. c, d
08–54. b, c	08–55. a, b	08–56. c, d	08–57. a, d	08–58. b, d

Hormone
Antworten

09-01. Allgemeine Aussagen zur Gruppe der Hormone [6]

- Hormone werden in endokrinen Organen oder in endokrinen Zellen gebildet.
- Sie fungieren als Botenstoffe und werden humoral transportiert, d. h. über den Blut-Lymphweg bzw. über interstitielle Flüssigkeit.
- Hormone lösen eine spezifische Reaktion aus, die an mehreren Organen auftreten kann und abhängig von der Hormonkonzentration ist.
- Hormone können in Verbindung mit dem Nervensystem arbeiten und hierbei als Transmitter fungieren.

09-02. Hormone der Adenohypophyse [11]

	Hormon	Funktion
Effektorhormone	1. Somatotropin (STH)	• stimuliert das Wachstum langer Knochen
	2. Prolaktin (PRL)	• aktiviert während der Schwangerschaft die Milchdrüsen • aktiviert postnatal Milchsekretion
	3. melanozytenstimulierendes Hormon (MSH)	• noch nicht endgültig geklärt
Steuerhormone	1. Follitropin (FSH)	• stimuliert dle Follikelentwicklung im Ovar • stimuliert dle Gametogenese im Hoden
	2. Lutropin (LH)	• stimuliert Reifung des Graaf-Follikels • löst Ovulation aus • fördert Entwicklung des Gelbkörpers • stimuliert die Leydig - Zwischenzellen, die für Androgenbildung verantwortlich sind
	3. Thyrotropin (TSH)	• stimuliert Synthese und Freisetzung von Schilddrüsenhormon
	4. Kortikotropin (ACTH)	• stimuliert Synthese und Freisetzung von Kortikosteroiden in der Nebennierenrinde

09-03. Zusammenhang zwischen Hypothalamus und Hypophyse [10]

- Hypothalamus und Hypophyse bilden ein zentrales Steuer- und Regelsystem.
- Hormonbildende Zellen des Hypothalamus sind Nervenzellen.
- Diese werden von Zentren des Gehirns beeinflußt.
- Damit stellt der Hypothalamus eine Verbindung zwischen ZNS und endokrinem System her.
- Hormone von Hypothalamus und Hypophyse werden nach ihrer Funktion unterschieden:

1. Steuerhormone
   – wirken auf andere endokrine Drüsen
   a) fördernd Releasinghormone
   b) hemmend Inhibitinghormone
2. Effektorhormone
   – wirken direkt auf Erfolgsorgane, ohne Zwischenschaltung von weiteren Organen.

09-04. Hormone der Neurohypophyse [4]

	Hormon	Funktion
Effektorhormone	1. Oxytocin	• regt die Kontraktion der glatten Muskulatur in der Wand des Uterus bei der Geburt an • bewirkt Kontraktion der Ausführungsgänge in den Milchdrüsen
	2. Adiuretin	• dient der Regulation des osmotischen Drucks • bewirkt an den distalen Tubuli und den Sammelrohren der Niere eine Wasserresorption

09-05. Schilddrüsenhormone und deren Funktion [6]

Hormon	Funktion
1. Thyroxin (T_4) 2. Trijodthyronin (T_3)	• erhöht O_2–Aufnahme und O_2–Verbrauch stoffwechselaktiver Organe • haben damit einen Einfluß auf Energieumsatz und Wärmeproduktion
3. Kalzitonin	• senkt Kalziumkonzentration im Blut durch Hemmung der Knochenresorption

09-06. Hormone der Nebennierenrinde [9]

Hormongruppe	Vertreter	Funktion
1. Mineralokortikoide	Aldosteron	• dient der Regulation des Elektrolyt- und Wasserhaushalts
2. Glukokortikoide	Kortisol	1. Einfluß auf Stoffwechsel – Stimulierung der Proteinsynthese in der Leber – Steigerung der Glukoneogenese 2. klinische Bedeutung – entzündungshemmende Wirkung – unterdrücken Immunreaktionen
3. Androgene / Östrogene	DEA	• maskulinisierender Effekt • Zwischenstufen bei der Synthese von Testosteron und Östrogenen

09-07. Hormone des Nebennierenmarks, [10]

Hormon	Funktion
1. Adrenalin 2. Noradrenalin	• Noradrenalin wird im Nebennierenmark in Adrenalin umgewandelt • Freisetzung der Hormone wird durch das vegetative Nervensystem gesteuert • große Mengen von Adrenalin werden bei plötzlichen, den Organismus gefährdenden Zuständen freigesetzt • **Wirkungen von Adrenalin** 1. Erhöhung der Herzfrequenz 2. Erweiterung der Herzkranzgefäße 3. Verengung der Gefäße in Lungen, Nieren, Baucheingeweiden und Haut 4. in Leber und Muskel kommt es zum Abbau von Glykogen in Glukose

09-08. Faktoren, die eine Insulinabgabe ins Blut auslösen [5]

- Glukose ist der wichtigste Stimulationsfaktor
- Glukagon
- Somatotropin, STH
- Kortikotropin, ACTH
- Thyrotropin, TSH

09-09. Wichtige Wirkungen des Insulins [5]

• Fördert die Aufnahme von Glukose aus dem Blut v. a. bei Muskel- und Fettzellen, • fördert die Glykogensynthese, • hemmt die Glukoneogenese,	führt zur Senkung des Blutzuckerspiegels

- fördert die Speicherung von Fett in Fettzellen.

09-10. bis 20. MC-Fragen [22]

09-10. c, d	09-11. a, b	09-12. a, c	09-13. b, c	09-14. b, c
09-15. a, d	09-16. b, d	09-17. a, b	09-18. b, d	09-19. a, d
09-20. c, d				

Nervensystem
Antworten

10-01. Einteilung des Nervensystems [13]

Das Nervensystem kann nach topografischen und nach funktionellen Aspekten untergliedert werden.

1. topografische Gliederung

Zentralnervensystem	peripheres Nervensystem
• Gehirn und Rückenmark	• Hirn- und Rückenmarksnerven

2. funktionelle Gliederung

zerebrospinales (willkürliches) **Nervensystem**	**viszerales** (autonomes) **Nervensystem**
• dient der Auseinandersetzung des Organismus mit dem äußeren Milieu • es nimmt Reize aus dem Umwelt auf, wandelt diese in Erregungen um und reagiert auf diese Reize • löst Bewegungsabläufe aus	• dient der Auseinandersetzung des Organismus mit dem inneren Milieu • regelt Organfunktionen, meist ohne Bewußtsseinsbeteiligung

• beide Bestandteile sind eng miteinander verknüpft und stehen unter dem Einfluß von Zentren im Gehirn und Rückenmark

10-02. Gliederung des Gehirns [9]

Encephalon
(Gehirn)

Telencephalon
(Großhirn)

Truncus cerebri
(Hirnstamm)

1. Basalganglien des Endhirns
2. Diencephalon (Zwischenhirn)
3. Mesencephalon (Mittelhirn)
4. Rhombencephalon (Rautenhirn)
   - Pons (Brücke)
   - Medulla oblongata (verlängertes Mark)
   - Cerebellum (Kleinhirn)

10-03. Beschriftung [10]

Nr.	deutsche Bezeichnung	Fachbezeichnung
1	Endhirn / Großhirn	**Telencephalon**
2/1	Sehhügel	**Thalamus**
2/2	Hypothalamus / unterer Teil des Zwischenhirns	**Hypothalamus**
2/3	Hirnanhangdrüse	**Hypophyse**
3	Mittelhirn	**Mesencephalon**
4/1	verlängertes Mark	**Medulla oblongata**
4/2	Brücke	**Pons**
4/3	Kleinhirn	**Cerebellum**
5	Rückenmark	**Medulla spinalis**
6	Balken	**Corpus callosum**

10-04. Allgemeiner Bau des Telencephalon [10]

- Großhirn, Telencephalon, wird durch eine tiefe Längsspalte, Fissura longitudinalis cerebri, die bis zum Balken, Corpus callosum, reicht, in zwei Großhirnhemisphären unterteilt.
- Die Oberfläche des Großhirns wird durch Windungen, Gyri und durch Furchen, Sulci, geprägt.
- Außen befindet sich der größte Teil der grauen Substanz, Substantia grisea, innen weiße Substanz, Substantia alba.
- Die graue Substanz wird von Nervenzellkörpern, Perikarya, die weiße Substanz von Fortsätzen der Nervenzellen, Dendriten, Neuriten und von Stütz- und Hüllzellen, Gliazellen gebildet.

10-05. Zentren der Großhirnrinde [10]

Lappen	Windung	Zentren	Funktion
1. Lobus frontalis	• Gyrus praecentralis	• motorisches Kernfeld	• Steuerung willkürlicher Bewegungen
		• motorisches Sprachzentrum (Broca)	• Steuerung der Sprechbewegungen von Mund- und Kehlkopfmuskulatur
2. Lobus parietalis	• Gyrus postcentralis	• sensorisches Rindenfeld	• Wahrnehmung von Tast-, Schmerz- und Temperaturempfindungen
3. Lobus occipitalis		• Sehzentrum	• Verarbeitung der Reize, die von der Netzhaut kommen
4. Lobus temporalis		• sensorisches Sprachzentrum (Wernicke)	• bewußte Wahrnehmung des gesprochenen Wortes

10-06. Bahnen der weißen Substanz [6]

1. Assoziationsfasern	• verbinden Rindenbezirke der gleichen Großhirnhemisphäre miteinander
2. Kommissurenfasern	• verbinden korrespondierende Regionen beider Hemisphären miteinander
3. Projektionsfasern	• verbinden Großhirnrinde mit Zentren des Hirnstamms und des Rückenmarks miteinander

10-07. Hüllen des Zentralnervensystems [12]

- Gehirn und Rückenmark sind von Hüllen umgeben, Meninges cerebri und Meninges medullae spinalis.
- Außen befindet sich eine straffe Haut, Dura mater, die den Schädelknochen bzw. den Wirbelknochen direkt anliegt und mechanische Schutzfunktion hat.
- Darunter befinden sich zwei Schichten:
  1. ein inneres Blatt, Pia mater, das der Hirn- und Rückenmarksfläche direkt anliegt,
  2. ein äußeres Blatt, Arachnoidea mater, das Unebenheiten des Gehirns glättet.
- Beide Blätter sind durch Bindegewebsbälkchen miteinander verbunden und begrenzen einen mit Flüssigkeit, Liquor, gefüllten Raum, Subarachnoidalraum.
- Gehirn und Rückenmark werden dadurch nach dem Wasserkissenprinzip geschützt.
- In der Dura mater und im Subarachnoidalraum befinden sich Blutgefäße.

10-08. Beschriftung [6]

Nr.	deutsche Bezeichnung	Fachbezeichnung
7/6	**Subarachnoidalraum**	Spatium subarachnoideum
8	knöchernes Schädeldach	**Calvaria**
9	harte Hirnhaut	**Dura mater**
10	Spinnwebenhaut	**Arachnoidea mater**
11	weiche Hirnhaut	**Pia mater**
12	Großhirnrinde	**Cortex cerebri**

10-09. Lage des Rückenmarks [8]

- Das Rückenmark, Medulla spinalis, liegt im Wirbelkanal, Canalis vertebralis.
- Es ist von den Rückenmarkshäuten und von dem mit Liquor gefüllten Subarachnoidalraum umgeben.
- Die obere Begrenzung liegt in Höhe des großen Hinterhauptslochs. An dieser Stelle geht das verlängerte Mark ohne direkte Abgrenzung in das Rückenmark über.
- Die untere Begrenzung liegt beim Erwachsenen meist in Höhe des 1. bis 2. Lendenwirbels.
- Ein etwa 1 mm dicker Endfaden, Filum terminale, zieht im Wirbelkanal bis in Höhe des 2. Kreuzbeinwirbels.

10-10. Bau des Rückenmarks [12]

• Das Rückenmark, Medulla spinalis, ist ein zylindrischer Strang, dessen Querschnitt rund bis oval ist.
• Auf Grund seiner engen Lagebeziehung zur Wirbelsäule wird es in Abschnitte unterteilt, die wiederum in Segmente unterteilt werden, aus denen seitlich Rückenmarksnerven austreten.

Abschnitte	Rückenmarksnerven (je 1/2 Punkt)	
1. Pars cervicalis	8	Halsnerven, Nn. cervicales
2. Pars thoracica	12	Brustnerven, Nn. thoracicae
3. Pars lumbalis	5	Lendennerven, Nn lumbales
4. Pars sacralis	5	Kreuzbeinnerven, Nn. sacrales
5. Pars coccygea	1 – 3	Steißbeinnerven, Nn. coccygeae

10-11. Innerer Bau des Rückenmarks [10]

• Im Querschnitt des Rückenmarks erkennt man eine innen liegende schmetterlingsförmige graue Substanz und eine außen liegende weiße Substanz.

1. Graue Substanz:
– wird von Nervenzellkörpern gebildet und entsprechend der Form in 3 Abschnitte unterteilt:

1. Vorderhorn	• enthält motorische Vorderhornzellen, die durch ihre Axone Muskelkontraktionen auslösen können
2. Seitenhorn	• enthält Nervenzellen, die zum vegetativen Nervensystem gehören
3. Hinterhorn	• enthält Nervenzellkörper, die mittels afferenter Nervenfasern Informationen von der Oberflächen – und Tiefensensibilität liefern

2. Weiße Substanz:
– wird von Nervenfasern gebildet, die in einzelne Stränge unterteilt werden und auf- und absteigend verlaufen können.

10-12. Verbindung der Rückenmarksnerven mit dem Rückenmark [6]

- Das Vorder- und Hinterhorn stehen über eine vordere- und eine hintere Wurzel mit dem Rückenmarksnerv, N. spinalis, in Verbindung.
- Kurz vor der Vereinigung der beiden Wurzeln zum Spinalnerven befindet sich in der hinteren Wurzel eine Ansammlung von Nervenzellen, die das Spinalganglion bilden.
- Damit treten efferente, motorische Nervenfasern aus dem Vorderhorn über die vordere Wurzel aus und gelangen afferente, sensible Nervenfasern über die hintere Wurzel zum Hinterhorn.

10-13. Beschriftung „Rückenmark“ [13]

Nr.	deutsche Bezeichnung	Fachbezeichnung
5	weiße Substanz	**Substantia alba**
5/1	**vordere mittlere Rückenmarkspalte**	Fissura mediana anterior
5/2	**hintere mittlere Rückenmarkfurche**	Sulcus medianus posterior
6	graue Substanz	**Substantia grisea**

Nr.	deutsche Bezeichnung	Fachbezeichnung
6/1	**Vordersäule / Vorderhorn**	Columna anterior / Cornu anterius
6/2	**Seitensäule / Seitenhorn**	Columna lateralis / Cornu laterale
6/3	**Hintersäule / Hinterhorn**	Columna posterior / Cornu posterius
7	Rückenmarksnerv	**N. spinalis**
7/1	**vordere Wurzel**	Radix anterior (motoria)
7/2	**hintere Wurzel**	Radix posterior (sensoria)
7/3	**Spinalganglion**	Ganglion spinale (sensorium)
7/4	**vorderer Ast**	Ramus anterior
7/5	**hinterer Ast**	Ramus posterior

10-14. Arbeitsblatt „Wichtige periphere Nerven und deren Versorgungsgebiete“ [24]

<table>
<tr><th>Spinal-nerven</th><th colspan="2">Plexus</th><th>periphere Nerven</th><th>Versorgungsgebiete</th></tr>
<tr><td rowspan="3">C 1 – C 4/5</td><td colspan="2" rowspan="3">Plexus cervicalis</td><td>Hautnerven</td><td>• Haut im Hals- und Schulterbereich</td></tr>
<tr><td>motorische Nerven</td><td>• Muskeln im Halsbereich</td></tr>
<tr><td>N. phrenicus</td><td>• Diaphragma</td></tr>
<tr><td rowspan="3">C 5 – Th 1</td><td colspan="2" rowspan="3">Plexus brachialis</td><td>N. radialis</td><td>• Extensoren am Ober- und Unterarm
• bei Ausfall: Fallhand</td></tr>
<tr><td>N. medianus</td><td>• großer Teil der Flexoren des Unterarms
• bei Ausfall: Schwurhand</td></tr>
<tr><td>N. ulnaris</td><td>• kleiner Teil der Flexoren des Unterarms
• bei Ausfall: Krallenhand</td></tr>
<tr><td rowspan="2">Th 1 – Th 12</td><td colspan="2" rowspan="2">kein</td><td>motorische Nerven</td><td>• Zwischenrippenmuskeln
• Bauchmuskeln</td></tr>
<tr><td>Hautnerven</td><td>• Haut der Brust- und Bauchwand</td></tr>
<tr><td rowspan="2">Th 12 – L 4</td><td colspan="2" rowspan="2">Plexus lumbalis</td><td>motorische Nerven</td><td>• Bauchmuskulatur
• Oberschenkelmuskulatur</td></tr>
<tr><td>Hautnerven</td><td>• Oberschenkel lateral
• Genitalbereich</td></tr>
<tr><td rowspan="2">L 4 – S 3</td><td rowspan="4">Plexus sacralis</td><td rowspan="2">Plexus ischiadicus</td><td>motorische Nerven</td><td>• Gesäßmuskulatur</td></tr>
<tr><td>N. ischiadicus</td><td>• Flexoren des Oberschenkels
• alle Muskeln des Unterschenkels und des Fußes sowie der Haut in diesem Gebiet</td></tr>
<tr><td>S 2 – S 4</td><td>Plexus pudendus</td><td>motorische Nerven
Hautnerven</td><td>• Beckenbodenmuskulatur sowie der Haut in diesem Gebiet</td></tr>
<tr><td>S 5 – Co 1</td><td>Plexus coccygeus</td><td>Hautnerven</td><td>• Steißbeingegend</td></tr>
</table>

10-15. Beschriftung „Periphere Nerven“ [10]

Nr.	deutsche Bezeichnung	Fachbezeichnung
1	Halsnervengeflecht	**Plexus cervicalis**
2	Armnervengeflecht	**Plexus brachialis**
2/1	Ellennerv	**N. ulnaris**
2/2	Mittelnerv	**N. medianus**
2/3	Speichennerv	**N. radialis**
3	Brustnerven	**Nn. thoracici**
4	Lendengeflecht	**Plexus lumbalis**
4/1	Oberschenkelnerv	**N. femoralis**
5	Kreuzbeingeflecht	**Plexus sacralis**
5/1	Ischiasnerv / Sitzbeinnerv	**N. ischiadicus**

10-16. bis 30. MC-Fragen [24]

10-16. c, d	10-17. a, b	10-18. a, d	10-19. a, d	10-20. a, c
10-21. c	10-22. a	10-23. b	10-24. d	10-25. a, c
10-26. b, d	10-27. b	10-28. c	10-29. b, d	10-30. b, c

Sinnessystem
Antworten

11-01. Augenhäute [11]

- Der Augapfel, Bulbus oculi, wird von drei Augenhäuten umgeben.

1. Äußere Augenhaut, Tunica externa bulbi, besteht aus:
– Lederhaut, Sklera
– Hornhaut, Kornea

2. Mittlere Augenhaut, Tunica vasculosa bulbi, besteht aus:
– Aderhaut, Choroidea
– Ziliarkörper, Corpus ciliare
– Regenbogenhaut, Iris

3. Innere Augenhaut, Tunica interna bulbi/ Retina, besteht aus:
– einem lichtempfindlichen Teil
– einem lichtunempfindlichen Teil.

11-02. Bau der äußeren Augenhaut [9]

- Die äußere Augenhaut wird zum größten Teil von der weißlichen, undurchsichtigen Lederhaut gebildet, in die vorne die durchsichtige Hornhaut eingefalzt ist.

1. Lederhaut, Sklera
– Die Lederhaut besteht aus straffem Bindegewebe, das in Form von Lamellen und Bündeln angeordnet ist und damit den Augapfel in seiner Form stabilisiert.
– Durch die Lederhaut verlaufen Blutgefäße, die mit dem bloßen Auge sichtbar sind.
– An der Lederhaut setzen die Augenmuskeln an, so daß der Augapfel in alle Richtungen bewegt werden kann.

2. Hornhaut, Kornea
– Die Hornhaut ist sehr dünn, ca. 0,7 mm dick.
– Sie besteht aus 5 Schichten, die frei von Blutgefäßen sind.
– Durch die Hornhaut wird der Lichteinfall in das Auge gewährleistet.

11-03. Abschnitte des Tränenapparates [8]

- Tränendrüse, Glandula lacrimalis liegt über dem lateralen Augenwinkel in der Tränengrube des Stirnbeins.
- Sie bildet die Tränenflüssigkeit, die durch den Lidschlag die Hornhaut benetzt und zum medialen Lidwinkel gelangt.
- Hier befinden sich am Ober- und Unterlied Tränenpunkte, die die Tränenflüssigkeit aufsaugen und an den Tränensack weiterleiten.
- Vom Tränensack geht der Tränennasengang ab, der im unteren Nasengang der Nase mündet.

11-04. Beschriftung [13]

Nr.	deutsche Bezeichnung	Fachbezeichnung
1	Hornhaut	**Kornea**
2	Lederhaut	**Sklera**
3	Aderhaut	**Choroidea**
4	Ziliarkörper / Strahlenkörper	**Corpus ciliare**
5	Regenbogenhaut	**Iris**
6	Netzhaut	**Retina**
7	**Augenkammern**	Camera anterior et posterior
8	Pupille	**Pupilla**
9	Linse	**Lens**
10	**Glaskörper**	Corpus vitreum
11	**Zentralgrube**	Fovea centralis
12	**blinder Fleck**	Discus nervi optici
13	Sehnerv	**N. opticus**

11-05. Makroskopische Strukturen des Ohres [12]

- Das Ohr ist zusammengesetzt aus dem

1. äußeren Ohr, Auris externa, welches sich in
– Ohrmuschel, Auricula und
– äußeren Gehörgang, Meatus acusticus externus, gliedert, an dessem Ende das
– Trommelfell, Membrana tympani, ist.

2. Mittelohr, Auris media, besteht aus:
– Paukenhöhle, Cavum tympani
– Gehörknöchelchen, Hammer, Amboß, Steigbügel
– Ohrtrompete, Tuba auditiva

3. Innenohr, Auris interna, besteht aus:
– knöchernem Labyrinth
– häutigem Labyrinth
– perilymphatischem Spalt

11-06. Lage und Bau des Trommelfells [6]

- Das Trommelfell grenzt den äußeren Gehörgang, Meatus acusticus externus, von der Paukenhöhle, Cavum tympani, ab.
- Das Trommelfell gleicht einer ovalen Scheibe, die in einer Furche des Schläfenbeins eingebettet und somit fixiert ist.
- Am Trommelfell lassen sich drei Schichten erkennen:
  1. Äußere Schicht → mehrschichtig wenig verhorntes Plattenepithel
  2. Mittlere Schicht → kräftige Bindegewebeschicht mit kollagenen und elastischen Fasern
  3. Innere Schicht → isoprismatisches Epithel mit Mikrovilli

11-07. Beschriftung „Ohr“ [9]

Nr.	deutsche Bezeichnung	Fachbezeichnung
1	Ohrmuschel	**Auricula**
2	äußerer Gehörgang	**Meatus acusticus externus**
3	Trommelfell	**Membrana tympani**
4	Paukenhöhle	**Cavum tympani**
5	Gehörknöchelchen	**Ossicula auditus**
6	Ohrtrompete	**Tuba auditiva**
7	**Bogengänge**	Canales semicirculares
8	**Schnecke**	Cochlea
8/7	**Hörnerv**	N. cochlearis

11-08. Vorgang des „Hörens“ [10]

- Schallwellen werden von der Ohrmuschel aufgenommen und über den äußeren Gehörgang an das Trommelfell weitergeleitet.
- Das Trommelfell wird in Schwingungen versetzt, die wiederum die Gehörknöchelchen, Hammer, Amboß und Steigbügel in Schwingungen versetzen.
- Die Basis des Steigbügels befindet sich im ovalen Fenster und erzeugt Druckwellen, die über Perilymphe in der Vorhoftreppe bis zur Schneckenspitze aufsteigen.
- Die Druckwellen werden auf den Endolymphschlauch übertragen, der die Haarzellen reizt.
- Über den N. cochlearis werden Erregungen aufgenommen und weitergeleitet.

11-09. Funktionen der Haut [6]

- Die Haut stellt den äußeren Überzug des Organismus dar, wodurch sich folgende Funktionen ergeben:
  - Schutz vor physikalischen, chemischen und mikrobiologischen Einflüssen,
  - ist an der Thermoregulation beteiligt,
  - Ausscheidungsfunktion,
  - durch in der Haut befindliche Sinnesrezeptoren ist eine Aufnahme von Reizen und Weiterleitung von Erregungen an Sinneszentren gegeben.

11-10. Schichten bzw. Bestandteile der Haut [10]

- Die Haut gliedert sich in

1. Kutis, Haut im engeren Sinne, wird in weitere Schichten unterteilt:
   - Epidermis, Oberhaut
   - Dermis, Corium bzw. Lederhaut
2. Tela subcutanea, Unterhaut
3. Hautanhangsgebilde
   - Drüsen: Talgdrüsen, Schweißdrüsen, Duftdrüsen, (Brustdrüse mit Sonderstellung)
   - Haare
   - Nägel

11-11. Beschriftung „Haut" [8]

Nr.	deutsche Bezeichnung	Fachbezeichnung
1	Oberhaut	Epidermis
2	Lederhaut	**Dermis Corium**
3	Unterhaut	**Tela subcutanea / Subkutis**
4	**Hornschicht**	Stratum corneum
5	**Basalschicht**	Stratum basale
6	**Papillarschicht**	Stratum papillare
7	**Hautblutgefäße**	Hautblutgefäße
8	freie Nervenendigungen	freie Nervenendigungen
9	Meissner-Tastkörperchen	Meissner-Tastkörperchen
10	Vater-Pacini Lamellenkörperchen	Vater-Pacini Lamellenkörperchen
11	Ruffini-Körperchen	Ruffini-Körperchen
12	**Unterhautfettgewebe**	Unterhautfettgewebe

11-12. Vorkommen und Funktion der Hautdrüsen (je 1/2 Punkt) [13]

Drüse	Vorkommen	Funktion
1. Talgdrüsen	• in Verbindung mit Haaren • Augenlider • Lippenrot • seitlich der Mundspalte • Brustwarzen • kleine Schamlippen • Eichel des Penis • Eichel der Klitoris	• Haut und Haare werden geschmeidig und widerstandsfähig gegen Wasser
2. Schweißdrüsen	• überall in der Haut mit Ausnahme: – Lippenrot – Eichel des Penis	• Ausbildung eines Säureschutzmantels • durch Verdunstung auf der Haut kommt es zur Abkühlung • Ausscheidung von Stoffwechselendprodukten
3. Duftdrüsen	• Achselhöhle • Brustwarze • Schamberg • große Schamlippen • Analregion Sonderformen: – Ohrschmalzdrüsen – Moll – Drüsen im Augenlid	• Produktion beginnt mit der Pubertät • sexuell – stimulierende Wirkung beim Menschen untergeordnet

11-13. Beschriftung „Haut mit Haaren und Drüsen“ [8]

Nr.	deutsche Bezeichnung	Fachbezeichnung
7	**Hautblutgefäße**	Hautblutgefäße
10	**Vater-Pacini Lamellenkörperchen**	Vater-Pacini Lamellenkörperchen
12	**Unterhautfettgewebe**	Unterhautfettgewebe
13	**Haarwurzel**	Haarwurzel
14	**Haarschaft**	Haarschaft
15	**Haarbalgmuskel**	M. arrector pili
16	**Talgdrüse**	Glandula sebacea
17	**Schweißdrüse**	Glandula sudorifera

Literaturverzeichnis

Lehrbuch der Anatomie „Benninghof“
Band 1 und 2
Urban & Schwarzenberg, München
15. Auflage

Lehrbuch der Histologie „Junqueira Carneiro“
übersetzt, überarbeitet und ergänzt von T. H. Schiebler
Springer-Verlag
4. Auflage

Physiologie des Menschen
Herausgeber: Schmidt Thews
Springer-Verlag
24. Auflage

Anatomie-Zeichenblätter für den Unterricht
Paul Gebhardt
Lau-Verlag GmbH, Reinbek
10. Auflage 2002

Anatomie-Zeichenblätter für den Unterricht – Lösungsheft
Paul Gebhardt/Mathias Bardl
Lau-Verlag GmbH, Reinbek
10. Auflage 2002

Lehrbuch „Biologie • Anatomie • Physiologie“
Martin Trebsdorf
Lau-Verlag GmbH, Reinbek
10., überarbeitete Auflage 2006